测绘科技应用丛书

测绘地理信息科技出版资金资助

城市内涝淹没建模与过程模拟

Urban Flood Inundation Modelling and Process Simulation

李志锋　吴立新　著

测绘出版社

·北京·

内容简介

本书是地理信息科学与技术在城市内涝模拟研究与分析应用方面的交叉成果,阐述了一套顾及地表细节及约束特征的城市内涝淹没分析与过程模拟理论、方法及关键技术。主要内容包括基于约束不规则三角网的城市地表形态精细建模方法,顾及约束特征的面—点、面—边汇水模式与城区汇水单元空间划分方法,汇水单元产汇流建模,以及基于三棱柱二分数值求解算法的城市内涝淹没时空过程模拟方法与分析技术。结合所开发的软件系统,以北京市城区为例进行了实际验证与应用分析。

图书在版编目(CIP)数据

城市内涝淹没建模与过程模拟/李志锋,吴立新著. —北京:测绘出版社,2019.3
(测绘科技应用丛书)
ISBN 978-7-5030-4142-6

Ⅰ.①城…　Ⅱ.①李…②吴…　Ⅲ.①城市—暴雨—水灾—系统建模②城市—暴雨—水灾—过程模拟　Ⅳ.①P426.616

中国版本图书馆 CIP 数据核字(2018)第 270134 号

责任编辑 雷秀丽　**执行编辑** 侯杨杨　**封面设计** 李伟　**责任校对** 赵瑗

出版发行	测绘出版社	**电　话**	010—83543965(发行部)
地　址	北京市西城区三里河路 50 号		010—68531609(门市部)
邮政编码	100045		010—68531363(编辑部)
电子信箱	smp@sinomaps.com	**网　址**	www.chinasmp.com
印　刷	北京建筑工业印刷厂	**经　销**	新华书店
成品规格	169mm×239mm	**彩　插**	2
印　张	7	**字　数**	137 千字
版　次	2019 年 3 月第 1 版	**印　次**	2019 年 3 月第 1 次印刷
印　数	001—800	**定　价**	42.00 元

书　号　ISBN 978-7-5030-4142-6
本书如有印装质量问题,请与我社门市部联系调换。

前　言

随着全球气候变化与极端天气事件增多，城市雨岛效应逐渐增强、影响越来越大，城市化过程所带来的环境与灾害问题日益突出。对于人口密集、财产集中和作为地区文化中心的大城市，内涝灾害带来的直接和间接损失尤为严重。近年突发、多发的城市内涝灾害暴露出来的城市建设发展缺陷，以及城区内涝淹没过程模拟难、内涝隐患推演分析难等问题，已成为城市防涝减灾与应急决策的瓶颈。目前，城市内涝模拟分析技术主要有：结合水文学产汇流和水动力学的城区"双排水系统"技术、一维-二维水动力方程法、基于地理信息系统的内涝淹没过程模拟技术等。

上述技术方法各有优缺点，但其应用过程中普遍存在城市地表形态精细建模能力差、内涝模型率定所需实测数据要求高、排水管网精细数据可获性低、淹没过程数值模拟耗时长、仿真推演与隐患分析难等问题。作者在北京市自然科学基金重点项目(No. 8111003)、国家科技部 863 重点课题(No. 2011AA120302)、水资源安全北京实验室项目的联合支持下，开展了地理信息科学与城市内涝模拟技术的交叉研究。本书系统介绍此项研究成果，包括：基于约束特征集理论形成的一套城市内涝地表数据测量、组织和管理方法，进而采用约束不规则三角网来构建精细城市地表的关键技术；顾及影响地表径流和淹没的各关键约束特征，划分城区汇水单元以作为模拟的基本计算单元，对汇水单元内的产汇流进行建模的方法；基于三棱柱的二分数值求解算法对城市内涝淹没时空过程进行动态模拟的技术方法与软件系统等。本书以北京市城区为例，采用本书模型、方法与所开发的软件系统对试验区的内涝过程进行模拟验证。本书成果可为城市内涝模拟提供精细建模、动态模拟、预案设计及风险研判的成套技术与参考资料。

本书将对基于地表细节及精细模型的城市内涝模拟与风险推演的原理、方法、空间模型、核心算法与软件平台分别阐述。全书共分为 5 章。第 1 章介绍城市内涝模拟与风险推演的技术现状；第 2 章介绍城市地表形态精细约束特征数据采集、组织、管理与无缝集成建模方法；第 3 章介绍顾及城市地表形态精细约束特征的汇水单元划分技术；第 4 章介绍基于时间切片的汇水单元产汇流模型及淹没分析方法；第 5 章介绍基于地理信息系统的城市内涝淹没风险与隐患推演分析系统及其应用。

本项研究及本书出版得到了科技部、教育部、原国家测绘地理信息局、北京市自然科学基金委、北京师范大学、中南大学的共同资助。研究团队成员李京、王植、宫阿都、朱伟、侯妙乐、郑建春、余接情、杨宜舟、张振鑫、许志华等在项目研究过程中从不同侧面为本项研究做出了贡献；本书部分内容吸纳了有关专家的宝贵建议，引用了同行的文献资料。在此，一并表示感谢！

目前，城市内涝分析模拟研究及风险推演技术尚处于发展过程中，并且不同的模型分析与技术方法各有优缺点，本书旨在发挥地理信息科学与技术的优势，探索城市内涝淹没分析与过程模拟关键问题的一种解决方案。在本书撰写过程中作者力求严谨客观，但仍难免存在瑕疵和纰漏，希望能“抛砖引玉”，不妥之处欢迎读者批评指出。

目 录

Contents

第1章 绪 论

全球变化背景下城市化过程所带来的环境与灾害问题日益突出。随着全球气候变化(IPCC,2013),极端天气事件的增多(IPCC,2012),海平面上升与城市热岛、雨岛效应逐渐增强并不断凸显(Daniel,2000),洪水灾害事件频发并造成的损失逐年增长。据全球紧急灾难数据库(emergency events database,EM-DAT)数据显示:全球洪水灾害受灾人口最严重的10次灾害事件中有9次发生在中国,共造成约13亿人受灾(图1.1);全球洪水灾害经济损失最严重的10次灾害事件中有3次发生在中国,共造成约606亿美元的经济损失(图1.2)。而洪水等自然灾害未来将持续增强(Alexander,2006),严重威胁人民生命财产安全。

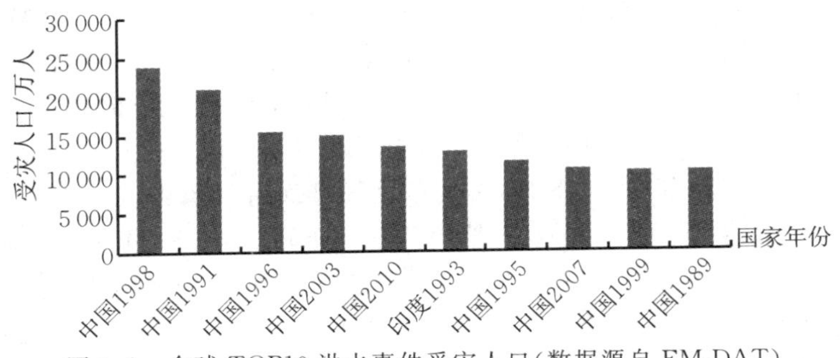

图1.1 全球TOP10洪水事件受灾人口(数据源自EM-DAT)

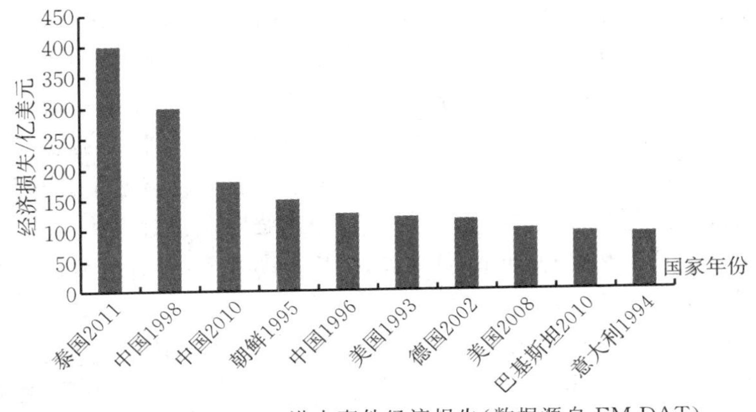

图1.2 全球TOP10洪水事件经济损失(数据源自EM-DAT)

自古至今,暴雨及其衍生灾害一直是中华民族的心腹大患(王静爱 等,2005)。城市作为人口密集、财产和文化的集中地,遭遇洪水灾害将带来严重的直接和间接损失(Li et al.,2012; Shi et al.,2005)。研究表明,由于城市城区气温高、空气中粉尘大,周边上升气流形成向城市汇聚性运动。一旦上升的热气流遭遇高空强对流的冷气团,就会形成以城市为中心的暴雨,即所谓城市雨岛效应(Daniel,2000)。据分析,城市雨岛效应是城市热岛效应与尾气颗粒综合作用,导致城市上空经过的冷空气加速凝结而降雨(Changnon,1979)。因此,大型、超大型城市的市区形成暴雨的频率与强度高于周边地区的现象,将会长期存在。我国城市化进程中过多的绿地转变为建筑用地,增大了地表径流系数。同时,部分排水管网的淤塞失修,使得原本排水能力设计不足的排水系统变得更加脆弱。以上各因素使得城市洪灾的致灾力大为加强,导致城市这一传统上人类生存的"安全地带",在暴雨引发的内涝面前显得非常脆弱。

据住房和城乡建设部对351个城市的专项调研结果显示:2008—2010年间我国62%的城市发生过内涝,137个城市致灾超过3次;其中积水深度在15 cm以上(即可能淹没小轿车排气管)的多达90%,最深处超过50 cm的占74.6%;积水时间逾半小时的占78.9%,有57个城市的积水历时最长超12 h。近年,我国城市暴雨致涝的典型案例有:①2004年6月25日,南京市连降暴雨,部分路段大量积水,地下通道被淹;②2007年7月16日,重庆市主城区遭遇有气象记录以来的最强降雨,24 h降雨量达266 mm,多条通往外省的高速公路中断,56人罹难,直接经济损失达31亿元;③2007年7月18日,济南市城区遭遇有气象记录以来的最强降雨,市区最大降雨量达到151 mm/h,多处商场和地下设施被淹,34人罹难,经济损失达12亿元;④2010年5月7日、9日至14日,广州市区一周之内遭遇3场暴雨,降雨量达到440 mm,其中1 h和3 h最大雨量分别达到99 mm和199 mm,是广州市1908年有气象记录以来汛期从未出现过的极端天气状况,中心城区118处地段出现内涝浸水,7人罹难,35个地下车库被淹没,地铁口雨水倒灌、地铁隧道渗水,全市经济损失约5.4亿元;⑤2010年5月13日,江西新余市遭遇1984年以来的最强暴雨侵袭,城区多处被淹,一处下穿式立交桥桥下积水漫顶;⑥2010年6月9日,广西梧州市暴雨,3 h内降雨超过100 mm,市区多处内涝,一所地下在建车库遭水淹;⑦2010年6月15日,广西南宁市暴雨冲刷的垃圾堵塞了部分排水管,导致部分街道被雨洪淹没;⑧2010年7月9日,一次强降雨过程袭击重庆市主城区,大部城区雨量达到100～200 mm,局部高达250～300 mm,造成城区部分路面积水达3 m,多处内涝,交通拥堵。

作为国际现代化大都市的北京近年来也多次发生极端暴雨天气:①2004年7月10日的特大暴雨,2 h内降雨超过100 mm,导致北三环、西三环、莲花桥等多处地下通道、下穿式立交桥被淹,城市顷刻陷于混乱状态;②2006年7月31日,北京城区遭遇入夏以来最强暴雨,数处立交桥下出现严重积水,首都机场高速路迎宾桥下积水深达1.5 m,机场高速路10年来首次被迫双向断路;③2009年7月

13日，急雨突袭京城，最大降水量接近80 mm，多处下穿式桥区积水，导致40余条路段拥堵；④2010年7月9日，北京城区遭遇最大降雨，导致在建地铁8号线西三旗站路面雨水流入站内、高水压积水冲破隔离桩间土，使地下形成空洞并造成地表塌陷；⑤2012年7月21日，北京及其周边地区遭遇61年来最强暴雨及洪涝灾害，根据北京市政府举行的灾情通报会的数据显示，此次暴雨造成房屋倒塌10 660间，160.2万人受灾，经济损失达116.4亿元。

此外，随着城市发展与城市交通网络的不断完善，立交桥不断增多(Abdullah et al.，2011a)。其中，下穿式立交桥约占我国已建成立交桥75%以上，其天然缺陷就是积水问题。近年，不断有报道指出：暴雨导致的下穿式立交桥积水深达1～3 m，车辆熄火，交通严重堵塞，甚至威胁到人们的生命。北京经常发生积水的城区环路下穿式立交桥就多达42处。城市的地下空间发达，出入口高度敏感，以北京为例，其地下空间正以平均每年3万平方米的速度增加，占市内总新增建筑面积的10%。地下空间出入口是地下空间安全的“咽喉”，一旦“咽喉”被淹，地下空间将迅速被淹。因此，地下空间出入口高程相对于周围地面及雨水井口和雨水箅的高差，是地下空间安全的关键和敏感因素。

城市内涝灾害使交通系统顷刻瘫痪、生产活动停顿、基础设施损毁、居民生活受困，直接威胁着人类生存与城市发展(李伟峰 等，2009)。暴雨成灾已成为中国城市集体面对的现代性难题，尤其是老城市、大城市显得尤其脆弱，若发生十年一遇、百年一遇的暴雨则会大概率发生严重内涝灾害事件。暴雨频繁导致城区内涝灾害向各大城市敲响了警钟。本书可为城市内涝淹没过程模拟提供一套新模型、技术和方法，进行内涝淹没风险分析和隐患推演分析，进而降低灾情，起到防范与预警作用，最大程度减少经济损失。

对于人口密集、财产集中的(特)大城市，内涝灾害带来的直接和间接损失难以估算。同时，在突发的城市内涝灾害过程中暴露出来的城区内涝灾情模拟分析难、内涝隐患推演难等问题，成为城市防涝减灾与应急决策的瓶颈，是危及城市公共安全与城市安全运行的不利因素，是亟待解决的重大问题。

《国家综合防灾减灾规划(2011—2015年)》指出要进一步完善自然灾害检测预警预报能力、不断提高灾害风险评估和应急管理能力，《国家中长期科学和技术发展规划纲要(2006—2020年)》强调了公共安全是国家安全和社会稳定的基石。城市的内涝情景模拟与隐患预警，是我国城市公共安全面对的严峻挑战，是科学界与政府面前的紧迫任务，是对现代科学技术的重大挑战(李纪人 等，2004；李京 等，2008)。城市作为政治、经济、文化、历史的集聚中心，亟须研发暴雨致涝的城区水情淹没推演与灾情过程模拟方法，定制快速有效的内涝预警机制与指标体系，形成以风险分析、水情模拟、灾情推演、隐患分析、及时预警为主线的城市内涝模拟仿真与隐患评估预警体系，为构建城市重大灾害与公共安全高效处置应急决策指挥平台提供支撑，为城区内涝风险分析和隐患推演提供决策依据，提高城市的防涝减损能力。

因此，本书是在城区地表复杂多样、下垫面不透水性各异、立交桥和地下空间持续增多的现实背景下，在城市暴雨内涝灾害日益频发的严峻形势下，针对城区雨岛效应所致暴雨内涝集中增强等复杂问题，而综合分析提出的，具有基础性和前瞻性。本书将为城区合理规划与建设、城区内涝隐患推演分析、内涝排水方案改进、城市下垫面结构设计、城市预警系统建设及城市应急预案制定与演练等提供新模型和新方法，包括空间模型、核心算法、技术参数和软件系统等，做到未雨绸缪，防患于未然。具体而言，在城市汛期前夕，通过本书方法和软件系统模拟推演在不同暴雨重现期、不同暴雨预警等级下的内涝淹没情况，可为风险分析、交通预警、灾害救助提供决策依据；对于较为脆弱的易受灾地带（地下空间、下穿式立交桥等），采用本书模型、方法和软件系统，可对其防涝救灾、排水设施的改造和新建进行科学指导；基于约束不规则三角网（constrained Delaunay triangular irregular network，CD-TIN）构建精细的集成城市地表，便于城区下垫面新增建筑物的表达与地表更新，通过模拟推演，可为新城区建设中的承灾体脆弱性分析提供依据，提升新建城区的抗灾能力。

国内外学者对城区内涝模拟推演进行了大量研究，依研究角度、所用数据、模型假设、方法参数和模拟对象的不同，可概括为三种主要方法（图 1.3）：结合水文学产汇流理论和水动力学的城区“双排水系统”模式、一维-二维水动力学法，以及基于地理信息系统（geographic information system，GIS）的内涝淹没过程模拟法。

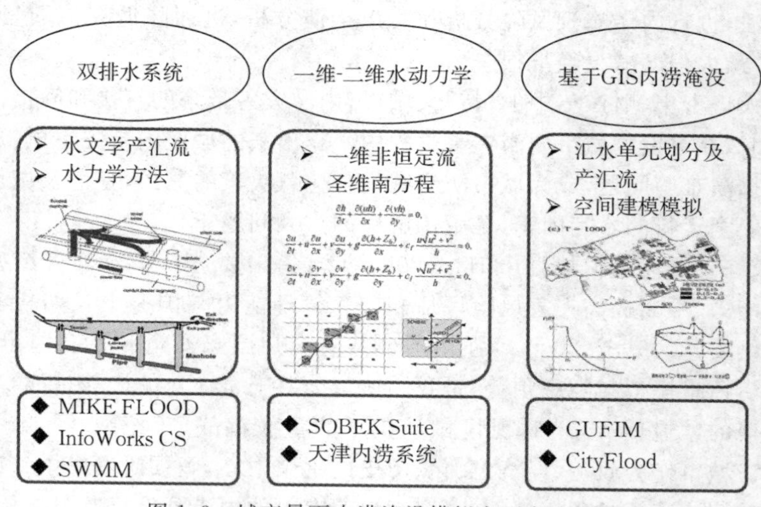

图 1.3　城市暴雨内涝淹没模拟主要方法概况

1.1　结合水文学产汇流理论和水动力学的城区“双排水系统”

Djordjević 等(1999)提出城区双排水系统的概念,指出城区排水系统分为地上和地下两部分:地上排水系统主要指城区地表的天然或人工的排水渠道、街道等;地下排水系统主要指排水管网。在该模式下,地上、地下排水系统主要通过排水立管的入口(manhole)进行水量的交互(Schmitt et al.,2004; Smith,2006),如图 1.4 所示。

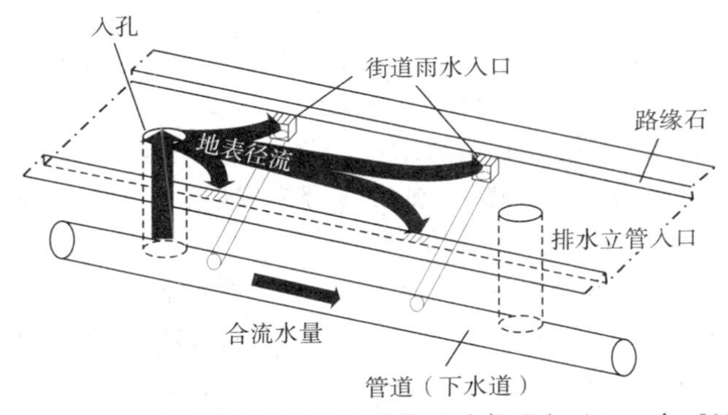

图 1.4　地上、地下排水系统的水量交互示意(Schmitt et al.,2004)

Djordjević 等(2005)和 Maksimović 等(2009)采用 1 维-1 维方法对经过排水立管入口的地上、地下交互水量进行了模拟;有学者对地面街道、沟渠等积水的汇流进行模拟(Mark et al.,2004)。顾及地表实际汇流情况,较多的学者采用 1 维-2 维方法对地下管网溢水的地表积水漫流淹没进行模拟(Carr et al.,2006; Chen et al.,2005; Chen et al.,2007; Dey et al.,2007; Seyoum et al.,2012; 李伟峰等,2009),并有学者对两种方法进行了对比分析,表明了 1 维-2 维方法的先进性(Leandro et al.,2009)。

英国洪涝风险管理研究联盟(Flood Risk Management Research Consortium,FRMRC)2004—2012 年对城区内涝进行了系统研究,从地表数据获取(Smith et al.,2006)、模型构建与分析、快速模拟与预警等(Chang et al.,2010; Ghimire et al.,2011)进行了一系列的研究。就数据获取而言,英国帝国理工大学的 Maksimović 等基于激光雷达(light detection and ranging,LiDAR)获取的高精度数字高程模型(digital elvation model,DEM),提出了一种新的地表汇流路径自动提取方法,并研发了相应的系统应用于城市内涝模拟(Alitt et al.,2009; Maksimović et al.,2009)。Abdullah 等给出了一整套处理 LiDAR 测量数据构建城市内涝地表的新方法,用于支持城区内涝模拟的方法,包括了对立交桥等复杂城区地物的处理(Abdullah et al. ,2011a; Abdullah et al. ,2011b)。

此外,Djokic 和 Maidment(1991)给出了基于三角网的城区地表对城区内涝进行模拟,采用不规则三角网(TIN)结构无缝集成地下排水系统的方法并进行了城区地表积水分析。

由于该类方法能够较为合理地模拟城区内涝淹没场景(Nielsen et al. ,2008),很多商业软件采用该方法进行研发,如 DHI 公司的 MIKE FLOOD、Deltares 公司的 SOBEK Suite、Innovyze 公司的 InfoWorks CS。美国国家环境保护局(Environmental Protection Agency,EPA)的暴雨洪水管理平台 SWMM(storm water management model)同样采用了该类方法,并开发了开源软件包,可方便相关学者和工程师调用(Hsu et al. ,2000; Ying-Po et al. ,2012)。英国环境部门联合相关院校,对当前存在的十余种软件和模型进行了定量化的测试与分析,发现模拟结果各异且适用条件不同(Néelz et al. ,2010; Zoppou,2001)。

InfoWorks CS 软件采用不规则三角网格构建的基本城区地形(Shewchuk,2002),能较好地解决排水管线建模、城市内涝模拟(图 1.5)。有学者利用该软件模拟了城区内涝淹没情景并与其他方法进行了对比(Alitt et al. ,2009),发现该软件在数据较为完善的情况下可解决一定的问题,但是对各类数据要求较多;因采用基于三角网格的地表模型,可实现无特征选择的大量的离散点(如激光点云点)的建模,但冗余数据较多,未能突出城区地表各精细约束特征,尤其是路缘石对汇水的影响。

图 1.5 InfoWorks CS 2D 耦合排水设施的淹没模拟(Alitt et al. ,2009)

分析归纳双排水系统法对城市内涝研究成果(表 1.1),认为虽然该方法可充分顾及汇水单元内的地下排水系统,可较为真实准确地模拟城区内涝淹没,但是,该方法的基本计算元为汇水单元,仅能模拟计算范围内的指定位置和断面的内涝过程(王静 等,2010)。同时,该方法对水文参数和排水管网数据要求较高,尤其是需要精细的排水管网空间分布和相关设计参数,以及多种用于模拟参数率定的实测数据(Leandro et al. ,2009)。

表 1.1 双排水系统法对城市内涝研究成果归纳

学者年份	研究成果	典型软件
Djordjević et al. ,1999	提出城区双排水系统概念：地面排水系统主要指城区地表的天然或人工的排水渠道、街道等，地下排水系统主要指排水管网	DHI公司的 MIKE FLOOD
Schmitt et al. ,2004；Smith,2006	地上、地下排水系统主要通过排水立管的入口进行水量的交互	DHI公司的 MIKE FLOOD；Innovyze公司的 InfoWorks CS
Djordjević et al. ,2005；Maksimović et al. ,2009；Mark et al. ,2004	采用一维-二维方法对经过排水立管入口的地上、地下交互水量进行了模拟，同时对地面街道、沟渠等积水的汇流进行了模拟，顾及地表实际汇流情况	DHI公司的 MIKE FLOOD
Chen et al. , 2005；Carr et al. , 2006；Chen et al. , 2007；Dey et al. , 2007；李伟峰等, 2009；Seyoum et al. , 2012	用一维-二维方法对地下管网溢水的地表积水漫流淹没进行模拟，给出了地下和地表网格结合处耦合的建模计算	DHI公司的 MIKE FLOOD；EPA环境保护署的 SWMM
Maksimović et al. , 2009	基于 LiDAR 获取的高精度 DEM，提出了一种新的地表汇流路径自动提取方法	Innovyze公司的 InfoWorks CS
Djokic et al. ,1991	采用 TIN 结构无缝集成地下排水系统的方法，进行了城区地表积水分析	Innovyze公司的 InfoWorks CS

1.2 采用一维-二维水动力学方法的城区内涝过程模拟技术

一维-二维水动力学方法采用流域洪涝淹没模拟中常用的一维-二维水动力学方程对城区内涝淹没进行推演。其能充分顾及城市地形和建筑物的空间分布特征(Amaguchi et al. ,2012)，能较好地模拟城区洪水的物理运动过程(Mignot et al. , 2006)，并可模拟洪水演进过程中各水力要素值(Amaguchi et al. ,2012； El Kadi Abderrezzak et al. ,2009； 王静 等,2010)。程晓陶研究团队对此进行了深入的研究(仇劲卫 等,2000)并不断改进完善(王静 等,2010)，研发的城市洪涝模拟仿真软件(李娜 等,2002)在多个城市进行了推广应用(仇劲卫 等,2000； 李帅杰 等, 2011)；Vojinovic 等(2009)给出了1维和2维耦合对城市内涝进行模拟，并提供了供用户使用的方案和模块。

随着高精度栅格地表数据的可获性提高，一些学者逐渐提出了基于 LiDAR

采集的城区地表模型用于内涝模拟方法，如 Mason 等(2007)融合了现有基础地理数据和 LiDAR 扫描数据对城区内涝进行建模；Turner 等(2013)从多源激光 LiDAR 生成地表的角度，结合 HEC-RAS 分析了航空和地面 LiDAR 不同平台下的城市内涝淹没情况；Sampson 等(2012)基于车载 LiDAR 采集的高精度地表，应用 LISFLOOD-FP 模型(Bates et al.，2000)和 ISIS-FAST(Groppa et al.，2013)模型对城区内涝进行淹没模拟，选用不同栅格分辨率进行对比分析发现城区微小精细特征(如路缘石、隔离带等)对模拟结果影响较大。由于不同栅格分辨率对地表表达的多样性，如图 1.6 所示，不同的数据源有不同的分辨率导致地表起伏大有不同，基于此地形进行模拟必然导致不确定性的结果。此外，水动力学方程的数值求解方法可利用 10 cm 栅格分辨率下的城区精细地表模型，但建模数据量巨大且在高性能机上耗时较长(运行约 100 h)。

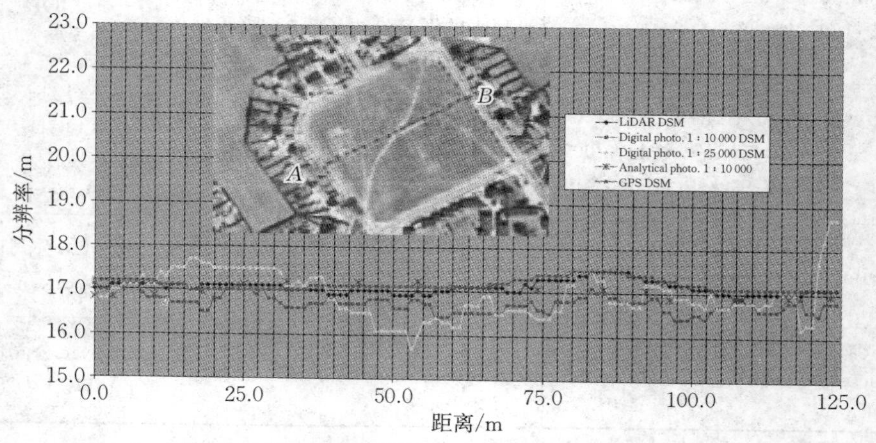

图 1.6 城区地表在不同数据源分辨率下的地形起伏差异(Asal，2003)

采用该方法解决城区内涝模拟的商业软件和开源包中，较为出名的是澳大利亚国立大学的 ANUGA、BMT WBM 公司的 TUFLOW FV 软件包，其能够实现洪水的推演、排水系统的设计与优化等建模和模拟。

分析认为：该类方法对地下管网数据做了概化处理，并且模拟精度过多依赖于水文参数率定的效果。水动力学方程数值求解中依赖于空间和时间的间隔，计算量大且复杂。虽有部分学者采用算法简化(Chen et al.，2012)、高性能计算(Neal et al.，2009)、硬件加速(Kalyanapu et al.，2011)等方式解决了部分效率问题，但仍无法满足快速模拟与仿真分析的需求。研究表明(Fewtrell et al.，2011；Sampson et al.，2012)：城区地表微小关键特征对城市内涝淹没模拟结果影响较大。虽然可通过提升栅格地表的分辨率来区分关键地物，但会带来海量数据、计算复杂等负面问题。因此，需要采用 CD-TIN 数据结构来构建精细城市地表，以较少的关键数据来构建城区关键精细地物特征，从而实现城市内涝的快速模拟与仿真。

1.3　基于地理信息系统的内涝淹没分析与过程模拟方法

该类方法多是基于地理信息系统与水文学相结合的思路，充分顾及基础地理数据现状（赵思健 等，2004），可在一定程度上解决上述两类方法的不足，实现城区内涝淹没的时空建模与快速推演（Chen et al.，2009；丁志雄 等，2004；王林 等，2004；向素玉 等，1995；余烨 等，2010）。该方法的研究思路概化为两大步骤：汇水单元即淹没模拟单元的划分及其产汇流、汇水单元内的空间建模与模拟。

1.3.1　汇水单元的划分及其产汇流

城市雨水汇水单元指汇集雨水和地面水的管渠系统所服务的地表区域。雨水管网汇水单元相对应的汇水面积，通过对雨水管渠系统的描述，给出雨水管渠汇集雨水的面积（孙慧修 等，1999）。作为城市内涝模拟的基本单元，城市汇水单元的划分方法不同于流域。传统的流域汇水单元（汇水区、汇水盆地、洼地）的划分方法包含基于规则格网的方法（Carpenter et al.，2006；Freeman，1991；Martz et al.，1992；Vogt et al.，2003；朱庆 等，2005）和基于不规则格网的方法（Ivanov et al.，2004；Li et al.，2014；刘学军 等，2008；张书亮 等，2007），其在城区内部的适用性欠佳。有学者遵循“自大向小，逐步递进”的原则，将城市雨水汇水单元分为城市雨水流域汇水单元、城市雨水出水口汇水单元和城市雨水管段汇水单元（曾巧玲，2005）。其中，城市雨水流域汇水单元的划分按地形的实际分水线从较大尺度上划分（Zhao et al.，2009）；雨水管段汇水单元划分每段雨水管段所服务的汇水范围，主要考虑管径和坡度，以此决定雨水管道的输水能力（张书亮 等，2007），划分方法相对简单；城市雨水出水口汇水单元按每个出水口或出水口的组合划分汇水范围，其中雨水管网和管点设备形成相对独立的网络系统，雨水箅、检查井、出水口和泵站是其关键节点（姜永发 等，2005）。上述方法划分的雨水管网系统外接多边形和分配雨水管网系统所服务汇水区域，取并集得到最终的城市内涝汇水单元（张书亮 等，2007）。左俊杰等（2011）通过将道路、建筑物、水系、沟渠、坑塘等影响径流途径的地物要素融合进数字高程模型（digital elevation model，DEM），形成细化 DEM 进行河网和汇水单元的划分，较好地体现了建筑物对径流的阻碍作用；Amaguchi 等（2012）利用东京的城市地理信息系统数据顾及城区地表多特征要素，基于城市排水管网划分汇水单元并进行了后期的产汇流模拟。

分析认为：确定并划分合理的城区汇水单元，是进行地表局部汇流精细模拟的基础。现有研究多关注城市雨水流域汇水单元、出水口汇水单元和雨水管段汇水单元的划分（曾巧玲，2005；姜永发 等，2005；张书亮 等，2007），未见有研究报道顾及城区实际地表特征的汇水单元的空间划分方法。实际上，如图 1.7 所示，汇水单元的划分需要顾及地形微小起伏、道路的隔离性、下垫面的非匀质性、立交桥等构筑物的整体性等诸多城市地表特征，考虑导致水量突变的各地表特征、领域单元间的汇流特征、下垫面产流能力的空间分异情况，需建立汇水单元之间的邻域作用模式。

但是，现有研究均未顾及地表约束特征，尤其是城区精细的地表特征，如路缘石、建筑物边界、围墙等。栅格 DEM 无法对城区地表进行精细建模与有效表达，而恰恰是这些特征约束了城区汇水时空过程和内涝淹没模拟结果（Fewtrell et al.，2011）。基于栅格 DEM 的水流分析多局限为四流向或八流向，不能真实地模拟地表水流，常导致伪洼地现象、水流方向计算不准确（Tarboton，1997）、水流路线呈 Z 字状、模型参数计算困难等（Costa-Cabral et al.，1994；Fairfield et al.，1991）。此外，由于 DEM 的多尺度性（汤国安 等，2006），不同栅格分辨率下模拟的汇水单元和汇流路径不同（Horritt et al.，2001；Leitão et al.，2008；Vivoni et al.，2005；Zhou et al.，2002），必然导致淹没模拟结果的不确定性（Fewtrell et al.，2011；Werner，2001）。

图 1.7　城区汇水单元划分应顾及的典型地表细节

相较于栅格模型，基于不规则三角网（TIN）表达的 DEM 具有以下优点（Liu et al.，2005；刘学军 等，2008），可望解决上述问题。

（1）TIN 通过互不交叉、互不重叠的三角形网络模拟地形表面，三角形的形状和大小取决于采样点的位置和密度，随地形变化而变化，具有可变的分辨率。

（2）TIN 能顾及各种地形特征点线，故能以较少的采样点逼近复杂的地形表面，尤其是 CD-TIN 能更为准确精细地描述复杂城区地表。

（3）TIN 通过原始采样数据直接生成 DEM，无须进行空间插值，降低了数据精度的损失;而经过插值后的栅格 DEM 形状规则排列,基于该数据结构的操作和度量均为近似操作。

(4)TIN 的矢量特征使其在描述城区水流路径、拓扑关系等方面更具优势,各种城区约束特征(如道路、河流、建筑物边界等)可更为准确地通过 CD-TIN 予以表达(Wu et al.,2008)。

当前基于 TIN 表达的 DEM 进行汇水单元划分已有一些研究(Jones et al.,1990; Li et al.,2014; Liu et al.,2005),而基于 CD-TIN 划分城区汇水单元尚且很少。TIN 的水文分析主要集中在河网提取、流域划分、子流域产汇流等方面,其汇流模式主要概况为面—点汇流、面—边汇流、面—面汇流。

(1)面—点汇流模式:指三角形面片上的水汇流到其对应的最低顶点,然后自高至低汇流到其他边。如 Li 等(2014a)提出的 FN(Facet to Node)汇流模式,可应用于城区汇水单元的划分;Gabrisch(2011)利用 LiDAR 点云数据构建 TIN,然后依据地图代数来定义面—点汇流方向并刻画了汇水单元边界。该模式是对 TIN 汇流的抽象概括,可在一定程度上和特定情况下(如水均流向洼地点或雨水箅点)划分汇水单元。

(2)面—边汇流模式:指三角形面片上的水沿着最陡方向汇流到边,即梯度反方向对应的边。如 Frank 等(1986)首次给出了基于 TIN 的汇水边、分水边、过水边的定义及计算方法;Theobald 和 Goodchild(1990)对该模式进行了进一步的分析和改进;Tachikawa 等(1994,1996)结合该模式研发了 BGIS 划分汇水单元并对其产流进行了相关分析;刘学军等(2008)则利用该汇流模式,给出了基于 TIN 的河网水系的提取算法和汇水单元划分(任政,2008);利用该模式 Liu 和 Snoeyink(2005)提出了城区内涝地形的概念,基于 LiDAR 数据源对城区汇水单元进行了划分并提出了不同等级的汇水盆地生成方法,可应用于内涝地形分析。该模式从数学上进行定义,并且较为符合人类认知习惯,基于该模式的研究相对较多(Tucker et al.,2001)。

(3)面—面汇流模式:指三角形面片上的水沿着梯度方向流向邻接的三角形面片,形成三角形与三角形之间的汇流。有学者提出了基于不规则三角网的面—面汇流模式,进而提取汇流路径(Bänninger,2006),该汇流路径不再是三角形边,而是三角形面所组成的串。

分析认为:由于面—边汇流模式的合理性和严格的数学定义,基于该模式的研究较多且相对合理。然而,基于 CD-TIN 地表顾及约束特征的汇流模式鲜有研究,其对应的城区汇水单元的划分更为少见,该部分是本书的研究重点。

1.3.2　内涝模拟的空间建模

采用基础地理数据,利用地理信息系统空间建模技术可在一定程度上解决上述城市内涝的模拟和仿真的问题(Zerger et al.,2004; 李志锋 等,2014)。刘仁义等(2001)从"无源淹没"的角度采用栅格表达的DEM进行淹没模拟;丁志雄等(2004)应用DEM生成的格网模型进行了洪水淹没分析;王林等(2004)结合城市地理数据库和数学计算模型及城市暴雨强度经验公式,建立了城市内涝灾害分析模型,依据城市降雨分布情况,能较好地模拟和预测城市内涝积水的空间分布、深度分布、淹没面积等;Chen等(2009)提出了GUFIM模型,该模型的实现是基于水量平衡原理和地理信息系统基础数据,主要包括两大部分,即城区产汇流模块和淹没模拟模块,最后以城区校园为例验证了该方法的合理性;赵思健等(2004)在上述模型的基础上,依据城市特征简化了部分经典淹没模型,先利用地理信息系统空间分析划分计算粗单元,然后计算各粗单元内的积水深度,对粗单元进行平滑合并生成城市内涝积水深度分布图;余烨等(2010)采用基于Delaunay三角网(D-TIN)的城市地表对城市洪灾进行了建模与仿真,但并未给出相关验证与隐患推演分析;Price和Vojinovic(2008)从地理信息系统中数字城市的角度给出内涝灾前、灾中、灾后的淹没模拟,以及灾情分析和管理措施,其结果偏宏观方向且基于当前的栅格城区地表。

基于灾害风险的基本理念(Zerger,2002; Zerger等,2002; 黄崇福,1999; 史培军,1991),有学者从致灾因子分析、脆弱性分析和暴露分析三方面入手,顾及城市的内部地形特征、降水、径流和排水等因素,创建一个基于地理信息系统栅格的城市内涝模型,并基于多种重现期灾害情景,模拟了内涝积水深度和淹没面积,为开展小尺度城市自然灾害情景模拟和风险评估研究提供了一种新探索(殷杰 等,2009; 尹占娥 等,2010)。以上海市浦东新区为例,景垠娜等(2010)在修正已有的城市高程模型基础上,利用地理信息系统栅格空间分析技术模拟了不同重现期条件下的淹没深度和范围;Su等(2005)基于地理信息系统结合水文模型对城区的区域风险进行了情景模拟和评估,并从脆弱性、暴露性等角度定量分析了城市的风险。此外,部分学者基于地理信息系统和遥感影像对城市内涝的风险进行了定量的情景分析和评估(Taubenböck et al.,2011),并对其适用性和精度进行了分析(Schumann et al.,2011)。

分析:上述方法多是直接基于栅格DEM进行的相关分析,尚未有基于CD-TIN的相关分析,同时对城区地面细部特征,尤其是路缘石、建(构)筑物约束、雨水箅等敏感因素考虑不够,较少顾及地表约束线和建筑物等约束面的作用信息。本书将城区精细地表特征视为城区D-TIN的约束面、约束边或约束点,采用CD-TIN构建精细城区地表,结合面—边汇流模式划分CD-TIN表达的城区汇水单元,进而对其产汇流时空过程进行建模,从而实现内涝淹没的模拟推演研究。

此外,对于下穿式立交桥暴雨积水的研究,多从排水设计角度研究下穿式立交桥积水成因问题(曹洪林,2007; 丛翔宇 等,2006),尚未见汇水面积精确确定的研究。由于下穿式立交桥汇水面积主要受立交桥区域的地形起伏及其微小变化的影响,本书建立下穿式立交桥及其周边的精细地表模型,采用地理信息系统水文法确定下穿式立交桥的精确汇水范围及超高雨水的汇入情况,进而准确地计算不同暴雨强度和历时情况下的桥下积水深度,为泵站排水能力设计提供科学依据。若发生街区内涝,极易导致地下空间(如地铁、地下商场、地下车库等)的积水和淹没。虽有学者对其安全和风险管理进行了研究(徐梅,2006),但未给出定量的淹没模拟和隐患推演。考虑地下空间不同入口处的地表可能积水深度、入口区域的精细地表、地下空间地坪的坡度及水泵排水能力等多种因素,本书提出一种街区内涝并导致地下空间积水的动态仿真模型,实现地下空间淹没过程分析。

本书以基于CD-TIN构建的精细城区地表为切入点,实现城区地表细节各关键约束特征和不同下垫面的三维集成精细建模;将地理信息系统水文学方法与城市产汇流模型有机结合起来,重点研究城区地表三维精细建模、城区汇水单元精细划分、城区内涝淹没过程模拟及其淹没风险分析、地下空间、下穿式立交桥等隐患区域的内涝淹没推演,设计开发工程尺度上的城区暴雨致涝分析与隐患推演系统。本书的成果应用,可望提升城市内涝淹没过程模拟、风险分析隐患推演水平,促进城市内涝预警体系建设,为城市多角度的防灾减灾、应急响应、预案预警提供新模型、方法与新技术保障。

本书内容属于地理信息系统和城市防灾减灾交叉领域。充分顾及城市地表细节与关键约束特征(如路缘石、建筑物边界、围墙等),基于约束不规则三角网(CD-TIN)无缝集成地模拟并表达了城市地表三维精细模型,进而提出一套城区暴雨内涝产汇流及其时空淹没过程的模拟分析、风险及隐患推演方法,主要研究内容如下。

1. 城市地表细节与关键特征测绘、数据集成与精细建模方法

城市地表细节与关键特征测绘、数据集成和精细建模,是进行城市内涝淹没分析模拟的关键。下垫面边界、道路面三维形态、隔离带形式、路缘石边帮高度及雨水箅附近高程的细微变化,均将引起地表径流方向及汇水过程的显著改变。本书提出约束特征集理论来选择、采集、组织和管理城市地表细节及各类约束特征数据;基于CD-TIN方法提出一套顾及地表建筑、道路、下穿式立交桥、隔离带、路缘石等城市下垫面特征差异的城市地表精细建模方法,实现城市建(构)筑物与地表的无缝集成建模,为城市暴雨内涝淹没模拟分析提供了数据与模型基础。

2. 顾及地表细节与约束特征的城市汇水单元划分新方法

顾及雨水井口/雨水箅、城市建(构)筑物、路缘石等关键约束点、线、面,对地表单元进行精细而合理的空间划分,是城市局部汇流精确模拟和汇水面积计算的关键。研究提出两种实现城区汇水单元划分的新模式:面—点模式和面—边模式。

面—点模式依据城市精细地表高程判断单元出水口，采用水往低处流的基本思想依次追踪各三角面片的最低点，完成水流方向判断和汇流追踪，进而划分城区汇水单元。面—边模式结合汇水边、分水边、过水边的定义和面—边汇流模式，给出充分顾及各类约束特征的城区汇流路径和汇水单元划分的数据结构和算法，并进行相关试验和对比分析研究。

3. 基于水量平衡原理的汇水单元产流及其汇流计算模型

依据水量平衡原理，汇水单元内降水、产流、汇流达到水量平衡。汇水单元内的净产流量为汇水单元内的产流量与其向邻域汇水单元的汇流量之差。单个汇水单元内的产流量为降水量与下渗量、排水量之差。邻域汇水单元间的汇流量则依据水位是否到达汇水单元的出水口及其相邻汇水单元的水位高低而进行定量计算。本书的降水量可采用实时气象降雨数据，也可利用不同降雨历时和重现期下的暴雨强度公式，结合不同下垫面的地表径流系数，计算地表下渗量，进而得到各汇水单元内的净产流量。

4. 基于时间切片和三棱柱集的淹没空间模拟计算方法

基于时间切片离散序列的时空模型，将暴雨内涝连续淹没过程划分为离散的时间切片，可实现对各时间切片下的淹没场景的动态模拟。地表净积水量转换为淹没水量，从而建立市暴雨内涝淹没过程的水量平衡表达式。通过以三棱柱为基本计算单元，采用数值二分求解某时间切片下的内涝淹没空间(即指定积水量情况下对应的内涝水面和淹没水深)，进而得到全过程的城区暴雨内涝淹没模拟场景。以 2012 年北京市“7・21”暴雨为例，对试验区进行了淹没情景模拟并进行定量验证分析。

5. 基于地理信息系统的城市内涝淹没风险分析及隐患推演方法

从隐患分析角度，采用双层结构的 CD-TIN 提出一种街区内涝并导致地下空间积水的动态仿真模型，实现城市低位空间(下穿式道路、地下停车场等)淹没过程分析。重点顾及下穿式立交桥的空间特性和排水设施，结合拟防范的暴雨强度(降雨历时、重现期等)，给出了一套下穿式立交桥局部汇流与淹没过程的模拟方法，实现下穿式立交桥的汇水淹没与排除积水的动态推演仿真。以北京师范大学主校园和北京石景山金安桥区为试验区，采用不同的降雨强度(不同降雨历时、重现期等)，对城市内涝的淹没情况进行模拟，得到不同暴雨重现期下的内涝淹没风险，形成内涝淹没风险序列图，并推演排水管网堵塞和下垫面改变下的淹没情景，可为城市隐患分析和防灾减灾提供技术支持。

本书总体技术方法如图 1.8 所示。主要涉及：顾及地表多约束特征，研究城区精细地表数据获取方法，并基于 CD-TIN 理论实现地表与建(构)筑物无缝集成建模，实现下垫面入渗参数选定与建模；顾及城市地表各精细特征和三角形面片的流向分析方法，研究含约束特征的城区汇水单元的划分方法；依据水文学模型与方法，对汇水单元内部的产流进行时空建模，并采用地理信息系统的邻域分析方法对邻域汇水单元间的作用模式和汇流水量进行建模与模拟；结合时空地理信息系统理论中的序列快照模型，将连续内涝过程离散为各时间切片下的淹没情景，利用基于三棱柱的二分数值积分求解算法实现内涝淹没过程的快速模拟。

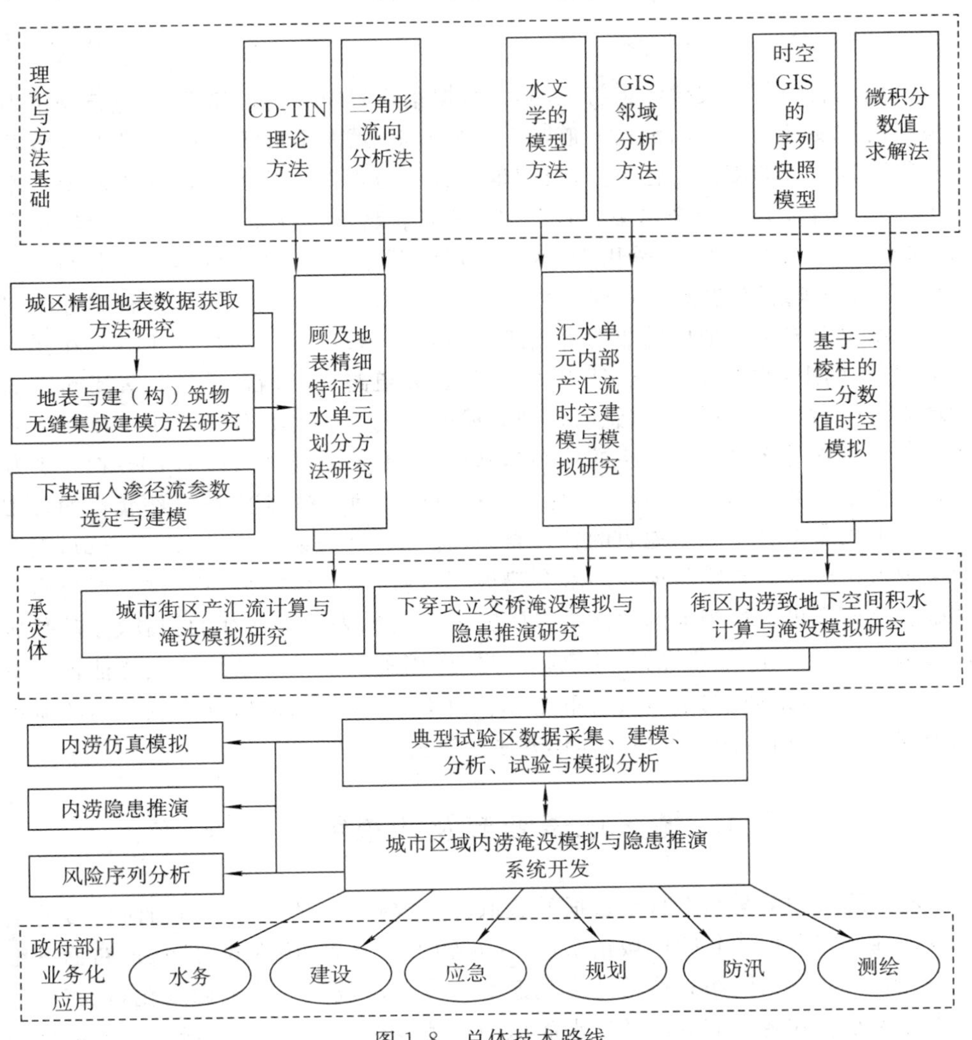

图1.8　总体技术路线

第2章　基于CD-TIN的城区地表无缝集成精细建模方法

城市地表细节及关键约束特征测绘、数据集成组织和精细建模，是进行城市内涝模拟的重要基础性空间数据。道路面三维形态、隔离带形式、路缘石边帮高度及雨水箅附近高程的细微变化，均将引起地表径流方向及汇水面积的显著改变。本章提出约束特征集理论来采集、组织和管理城市地表的各关键特征（分为约束点集、约束线集、约束面集）。采用RTK、全站仪、激光LiDAR等仪器测绘各类关键特征，重点采集道路的路缘石、建筑物等约束信息，统一组织入库并进行属性编码管理。本章首先依据地面的非约束点建立地表的德洛奈三角网（D-TIN）；在建立的D-TIN网中，插入关键城区地表特征信息，如道路、路缘石、建筑物等影响水流的地表特征，建立含有约束信息的精细集成的地表约束德洛奈三角网（CD-TIN）。拓扑关系是内涝淹没空间分析的核心与基础，本书采用耦合属性的CD-TIN类及全拓扑关系的数据结构，进行城市地表数据组织管理。精细表达、无缝集成的城市内涝地形模型融合了城市地表的各种类型，包含各类约束特征、下垫面类型，无缝地实现城市建（构）筑物与地表的融合建模，为内涝淹没模拟分析提供数据与模型基础。该研究可弥补当前的内涝模拟研究未顾及地表约束特征的问题，尤其是城市精细的地表特征，如路缘石、建筑物边界、围墙等。将城市精细地表特征视为城市D-TIN的约束面、约束边或约束点，采用CD-TIN来构建精细集成表达的城市地表，填补了当前内涝地形精细建模方法的空白。

2.1　城区地表细节及约束特征分析

城市地表细节与约束特征数据的获取和集成建模，是进行城市内涝模拟的重要基础性空间数据。封闭区域出水口、建筑物下水立管、雨水箅分布、道路面三维形态、隔离带形式、路缘石边帮高度及汇水井周边区域高程的细微变化，均将引起地表径流水量或者汇流方向及汇水面积的显著改变，本书将影响城区汇流的该类地表细节特征称为城区精细约束特征（fine constrained features, FCFs）。以图2.1为例，(a)～(j)均影响城区地表汇流。其中，雨水箅明显影响了地表积水排放；建筑物顶的水沿下水立管到达地面明显影响了地表积水量；出水口、隔离带、路缘石、围墙等直接影响城区地表汇流的方向；而绿地、建筑物、水域、操场等下渗率和径流系数不同，导致其产流量不同。

(a) 雨水箅　(b) 下水立管　(c) 出水口　(d) 隔离带　(e) 路缘石

(f) 围墙　(g) 绿地　(h) 建筑物　(i) 水域　(j) 操场

图 2.1　城区地表典型细节与约束特征

为便于后续统一组织、建模和表达，本书依据约束特征集(constrained feature set)理论组织和管理城市地表精细约束特征，定义约束特征集 $C=\{c \mid c$ 为影响城市地表汇流和淹没过程的地物特征$\}$，包含三个子集：$P=\{p \mid p$ 为约束点特征，即造成水流量改变和汇流方向改变的点$\}$、$L=\{l \mid l$ 为约束线特征，即地表高程突变边$\}$、$F=\{f \mid f$ 为约束面特征，即不同类型的下垫面或者改变水流方向的面$\}$。在实际城市地表中，则有$\{$雨水箅、出水口点$\} \subseteq P$，$\{$路缘石、减速坡、陡坎、围墙、建筑物边界$\} \subseteq L$，$\{$绿地、路面、建筑物$\} \subseteq F$。以某块典型城区地表为例(图 2.2)，其约束特征如图中粗线所示，采用 CD-TIN 可精细地实现城区地表的高精度建模。

图 2.2　顾及地表细节的城区典型 CD-TIN 建模

2.2　城区地表细节及约束特征数据采集与组织

2.2.1　顾及 FCFs 的城市内涝地表关键特征采集与入库

为构建高精度城区地表三维模型和准确表达各精细约束特征，对地表径流、汇流进行精确模拟与分析，所用高程数据须达厘米级精度要求。事实上，现有城市数字高程模型(DEM)数据最高精度仅能达到分米级，因此，需要基于当前先进的测绘仪器和技术手段，按特点模式对城区的地表细节与关键约束数据进行采集与组织(图 2.3)。

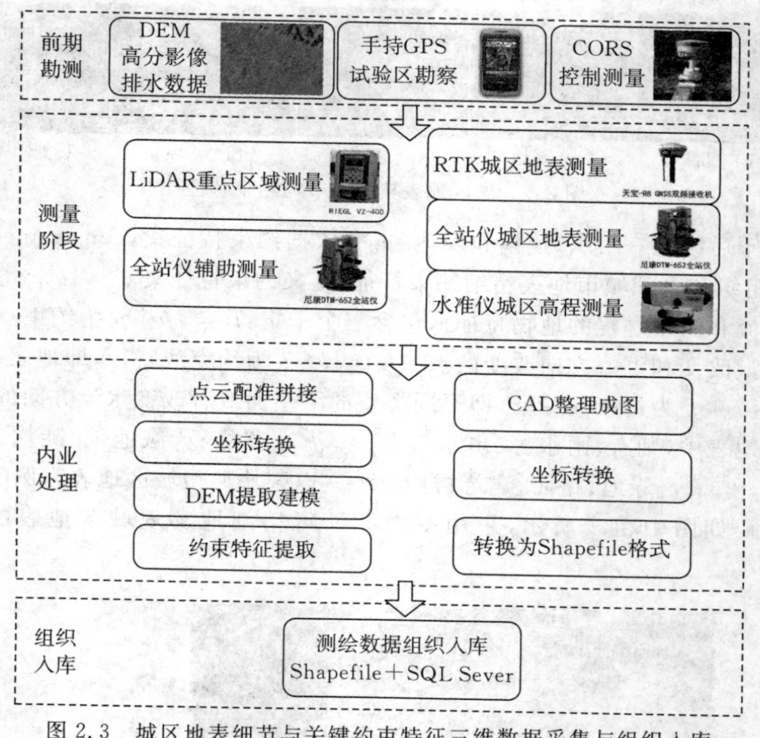

图 2.3　城区地表细节与关键约束特征三维数据采集与组织入库

1. 前期勘测

依据现有城区 DEM 数据、高分辨率遥感影像数据、排水管网数据等，对目标城区进行初步的勘察，确定该城区的地表特征、地下排水系统情况、历史淹没案例情况，便于后续有目的、有重点地进行城区地表特征测量，进而实现后续淹没模拟和隐患分析。

利用手持 GPS(如集思宝 G330，单点定位精度约为 3 m)对复杂城区地表进行实地勘察，以北京石景山区某城区地表为例(图 2.4)，在面积为 4 km^2 的城区对重点区域进行了手持 GPS 的初步布点勘察(约 32 个点，图中五角星点所示)。基于约束特征集理论对约束特征的定义，对实地各地表特征进行勘察调研，便于后续的控制测量及对精细城区地表约束特征的碎步测量。

城区勘察结束后对城区地表进行测绘前，需要布设控制点，便于后续控制测量和坐标系统的统一，以上述城区地表为例，布设控制点如图 2.4 中圈点所示(C_1 ～

C_9,共计 9 个点)。本书采用连续运行基准站(continuously operating reference station,CORS)进行控制测量。

CORS 系统主要由五大部分组成,即数据处理系统、基准站网、数据传输系统、定位导航数据播报系统、用户应用系统。通过数据传输系统各个基准站与控制中心连接为一体,形成专门的网络结构,如图 2.5 所示。CORS 是在宽广区域内布设永久性的卫星导航定位参考站,多个连续运行的站点构成一个参考站网。基于指定的采样率各参考站进行连续观测,之后通过数据传输系统将数据传给控制中心,系统控制中心接收数据后对其进行预处理和质量检核,再对所有数据进行整体解算,将网内的各种系统误差改正项(电离层、对流层、卫星轨道误差)实时计算以获得区域内的误差改正参数,最后将改正参数发送给用户,如此便可实时或者事后获得高精度的定位数据(黄俊华 等,2009)。

图 2.4　城区地表细节勘察的手持机点位分布

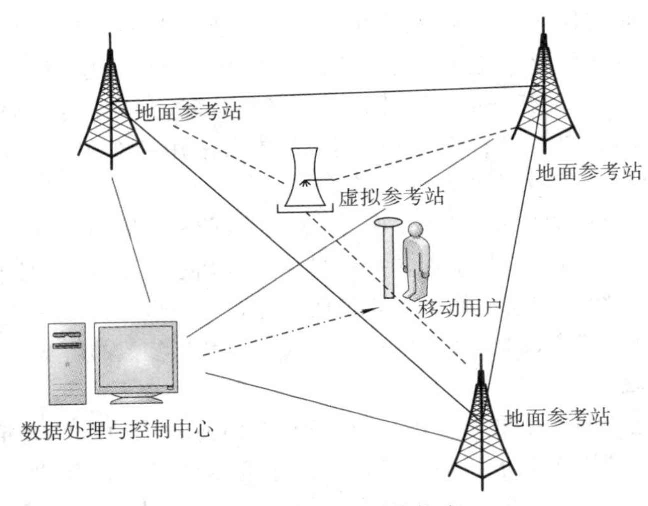

图 2.5　CORS 系统构成

表 2.1 CORS 测量控制点坐标及其解算(隐去部分数据)

中央经线		116°21′00.906 50″E
椭球		1954 北京坐标系
校正点号	平面	C_1、C_3、C_5、C_6、C_7、C_9
	高程	C_1、C_3、C_5、C_6、C_7、C_9
平面残差		0.008 2
高程残差		0.002 4

	点号	WGS-84 坐标系			1954 北京坐标系			平面中误差	高程中误差
		北坐标 N /(°)	东坐标 E /(°)	高程 /m	X /m	Y /m	H /m	Δi /mm	Δh /mm
控制点坐标	C_1	*	*	*	*	*	*	0.000 1	0
	C_3	*	*	*	*	*	*	0.000 6	0.002 8
	C_5	*	*	*	*	*	*	0.000 9	−0.001 6
	C_6	*	*	*	*	*	*	0.000 7	0.002 4
	C_7	*	*	*	*	*	*	0.000 5	−0.001 7
	C_9	*	*	*	*	*	*	0.000 3	−0.001 7

常规控制测量(如三角测量、导线测量)要求各观测点通视,测量精度不均匀,费时费力,在测量中无法获取测量成果精度。GPS 静态测量、快速静态相对定位测量虽然无通视要求,但需要事后进行数据处理方能获取定位精度,无法实时检核易返工。CORS 测量能实现全年 365 天,每天 24 h 无间断作业,可取代常规大地测量控制网。测量作业只需一台 GPS 接收机即可进行毫米级、厘米级、分米级、米级的实时、准实时的快速定位、事后定位。全天候支持各种类型的 GNSS 测量、变形监测、定位和放样作业。连续运行参考站系统可构建国家新型大地测量动态框架体系和城区新一代动态基准站网体系。因其高效率、高可靠性、高精度和低成本的特点,在城市勘测中得到了广泛的应用。故本书采用的 CORS 测量技术可实时定位、精度达到厘米级,大大提高作业效率。

对图 2.4 中布设的控制点(图中圆点)进行 CORS 测量,并且解算坐标转换的参数,便于后续的实地测绘和坐标转换。具体参数如表 2.1 所示,控制点中误差符合要求,可开展后续的测绘工作。需要说明的是,由于图 2.4 中的 C_1 离 C_2 过近,C_7 离 C_8 过近,C_4 偏离试验测区,故 C_2、C_4、C_8 不参与参数的解算。

2. 测量阶段

城市内涝地形的数据采集方式分为两种,即内涝发生地点的高精度三维激光扫描及其周边区域影响汇水和地表径流的地理要素的 RTK、全站仪采集:①城市内涝严重的地点,利用三维激光扫描仪(LiDAR)进行高精度的扫描,基于点云数据进行数据建模和处理,进而提取城区地表各约束特征并入库;②城市内涝严重地点周边区域,以 1∶1 000 地形图测绘为基础,测绘各汇水约束特征 FCFs,即对应上文所述约束特征集（*C* 集）。

如图 2.6 所示，分两步进行城区地表精细约束特征（FCFs）的采集：整体上采用 RTK、水准仪、全站仪采集，局部城区采用三维激光扫描仪、全站仪进行数据采集。由于 RTK 测量的高效性和方便性，先采用 RTK 对城区主干道和宽阔地区进行采集，而对于 GPS 卫星信号较弱的地区采用 RTK 引点、全站仪补测的方式进行数据采集。其中利用水准仪对重点区域进行高程测量保证其更高的测量精度（毫米级）。同时，对内涝隐患区域（地下空间、下穿式立交桥区）进行重点数据采集，如图 2.6 中方框区域（对应试验区为北京市石景山区金安桥，此为下穿式立交桥）存在较多的内涝预警标示和防汛摄像头，其为内涝积水多发区域，故采用 LiDAR 进行三维扫描，同时对于部分遮挡区域采用全站仪进行数据补测。

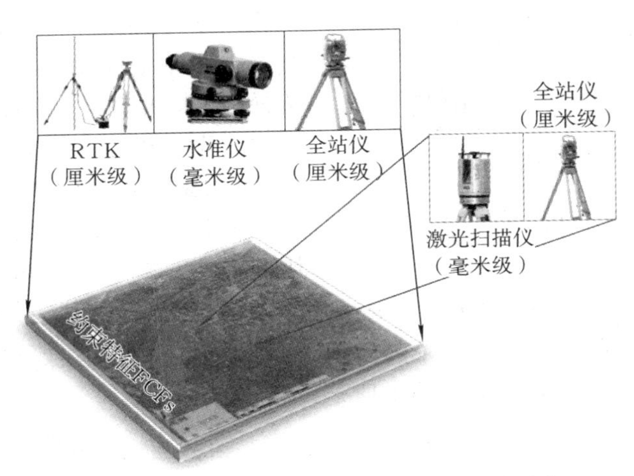

图 2.6　城区地表细节特征获取外业测绘示意

3. 内业处理

1）城区整体数据采集内业处理

对外业测量的数据进行 CAD 展绘，并进行后期的整理与标示。依据已有的控制点数据对 CAD 成图进行坐标转换，统一为 1954 北京坐标系。同时为便于数据的统一组织和管理，便于与现有基础地理数据进行统一建模与分析，故将 CAD 数据的 Dwg 格式统一转换为 ArcGIS 支持下的 Shapefile 格式。

利用 ArcGIS 的 ETL 工具分图层实现 Dwg 格式与 Shapefile 格式的转换，由于 Dwg 高程数据无法直接转换，故需要对 Shapefile 下的各特征及其节点进行高程赋值：①利用 ArcToolbox 中的 Point to Raster 工具将点转换为栅格，即实现将点的高程赋予栅格；②利用 Interpolate shape 工具将栅格所代表的高程值赋给各特征及其各节点；③利用 ArcScene 对导出的数据进行三维浏览，检查数据转换是否正确、完整。

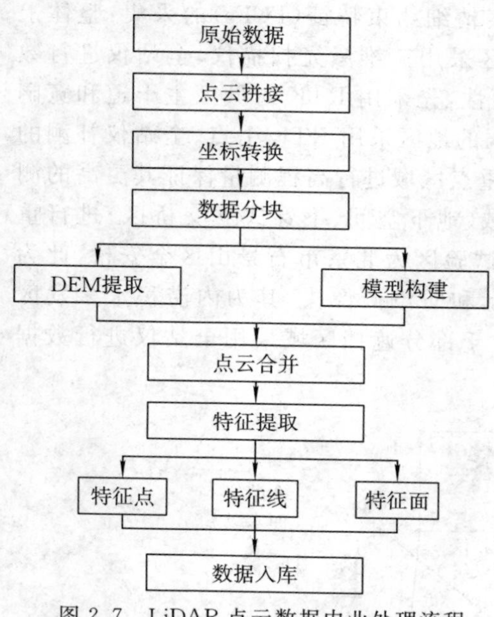

图 2.7　LiDAR 点云数据内业处理流程

2)重点局部城区数据内业处理

在获取到城区的 LiDAR 点云数据之后,需要对其进行内业数据处理,如图 2.7 所示。首先对原始数据进行点云拼接,然后经过坐标转换,将点云的相对坐标转换至 1954 北京坐标系。为便于后续城区地表特征的提取,对数据进行分块处理:地面点云和地上点云(地面点云用于城区 DEM 的提取,地上点云用于立交桥、建筑物等模型的建立)。之后,对分块后的点云进行合并提取各约束特征,得到约束点特征、约束线特征、约束面特征,进而组织入库管理。

4. 地理编码与入库

本书对采集的城区地表空间数据用 Dwg 格式或 Shapefile 格式来组织管理,属性数据采用数据库(GeoDatabase、SQL Server)进行管理。依据实际城区地表特征和约束特征集理论,设计数据库逻辑图,如图 2.8 所示。该数据库主要包含四个表格:测绘点表、约束线表、约束面表、排水管网表。

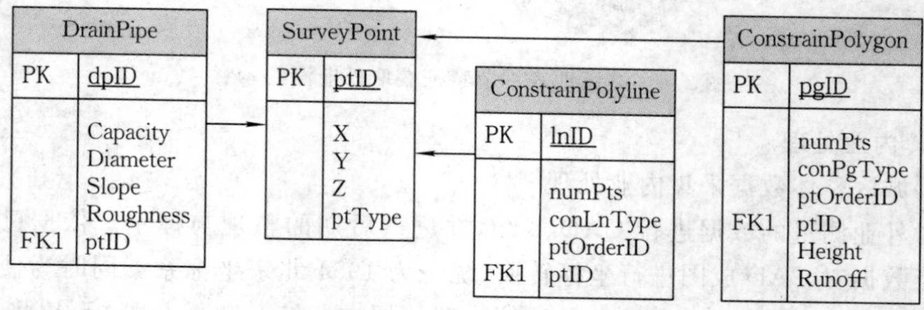

图 2.8　城区地表数据库逻辑设计

(1)SurveyPoint:该表记录了城区各测量点数据,包括地表普通测量点(即非 FCFs 特征)、约束特征点(即 FCFs 特征)。其包含五个主要字段,即 ptID(主键)、X、Y、Z、ptType,分别标示测绘点的 ID、X 坐标、Y 坐标、Z 坐标及点类型。具体各字段类型与说明如表 2.2 所示。

表 2.2　SurveyPoint 数据表各字段设计

字段名称	数据类型	说明
ptID	Long	地表测绘点的唯一标示 ID
X	Double	测绘点坐标 x，单位 m
Y	Double	测绘点坐标 y，单位 m
Z	Double	测绘点坐标 z，单位 m
ptType	Short	测绘点在城区地表中属性：0 为普通地表点，1 为约束点，2 为约束线上点，3 为约束面上点

其中，ptType 标示测绘点属性，本书采用地理编码中的线分类法对其进行组织记录。线分类法即层级分类法，是将初始的分类对象按选定的若干个属性或特征逐次地分成相应的若干个层级类目，并排成逐级展开的、有层次的分类体系。在此分类体系中，同位类的类目之间存在着并列关系且不交叉、不重复，下位类与上位类类目之间存在着隶属关系。本书采用三级分类编码进行设计管理，结合 FCFs 设计详细的编码，如表 2.3 所示。

表 2.3　测量点特征数据编码

一级编码	意义	二级编码	意义	三级编码	意义
P	测量点状特征	1	地面普通点	1	地面普通点
		2	约束点状特征	1	地面雨水箅点
				2	封闭空间出水口，如操场入口
				3	建(构)筑物上下水立管点
		3	约束线状特征上的点	1	线状河流水系上的点
				2	路缘石上点
				3	不透水边界(围墙、围栏)上点
				4	地下空间入口线上点
				5	试验区边界上点
		4	约束面状特征上的点	1	植被(草坪、林地)上的点
				2	土路土广场上点
				3	沥青水泥面(道路面)上的点
				4	构/建筑物上的点
				5	面状水域湖泊上的点
				6	半透水复合地表(半透水砖)上的点
				7	半封闭空间(操场)上点
				8	农作物用地面上的点

(2)ConstrainPolyline：该表格记录各约束线特征，字段主要包括约束线的 ID(主键)、线包含点的个数、约束线的类型、所包含点在约束线上的顺序(保证依次连接成线)、包含点的 ID(作为外键对应于 SurveyPoint 表)。具体各字段类型与说明如表 2.4 所示。

表 2.4 ConstrainPolyline 数据表各字段设计

字段名称	数据类型	说明
lnID	Long	约束线特征的唯一标示 ID
numPts	Int	约束线上包含多少个测绘点
conLnType	Short	约束线的类型:如 1 标示河流,2 标示路缘石,3 标示围栏等
ptOrderID	Int	约束线上点的连接序号
ptID	Long	约束线上包含的点的 ID(唯一编号)

其中,conLnType 标示约束线的属性,采用二级分类编码进行设计管理,结合 FCFs 设计详细的编码,如表 2.5 所示。

表 2.5 测量约束线特征数据编码

一级编码	意义	二级编码	意义
L	测量约束线状特征	1	线状河流、沟渠等水系
		2	路缘石
		3	不透水边界(围墙、围栏)
		4	地下空间入口线
		5	试验区边界线

(3)ConstrainPolygon:该表格设计了城区各约束面状特征,字段主要包括约束面的 ID(主键)、所包含的测量约束点个数、约束面的类型、所包含测量点在约束面上的顺序(保证依次连接成面),包含测量点的 ID(作为外键对应于 SurveyPoint 表)。具体各字段类型与说明如表 2.6 所示。

表 2.6 ConstrainPolygon 数据表各字段设计

字段名称	数据类型	说明
pgID	Long	约束面状要素的唯一标示 ID
numPts	Int	约束面上有多少个测绘点
conPgType	Short	约束面的类型,如 0 为公园绿地,1 为土路土广场,2 为沥青水泥,3 为建筑,4 为水域,5 为半透水复合地表,6 为操场等含出水口约束面
ptOrderID	Int	约束面上点的连接序号,从 1、2、……到 numPts
ptID	Long	约束面上包含的点的 ID(唯一编号)

其中,conPgType 标示约束面的属性,采用二级分类编码进行设计管理,结合 FCFs 设计详细的编码,如表 2.7 所示。

(4)DrainPipe:该表格设计了城区排水管存储信息,字段主要包括排水管的 ID(主键)、排水量、排水管的直径、排水管段的斜度、排水管壁的粗糙度系数、对应的地表入水口的测绘点的 ID(作为外键对应于 SurveyPoint 表)。具体各字段类型与说明如表 2.8 所示。

表 2.7　测量约束面特征数据编码

一级编码	意义	二级编码	意义
F	测量约束面状特征	1	植被(草坪、林地)
		2	土路土广场
		3	沥青水泥面(道路面)
		4	构/建筑物
		5	面状水域湖泊
		6	半透水复合地表(半透水砖)
		7	半封闭空间(操场)
		8	农作物用地

表 2.8　DrainPipe 数据表各字段设计

字段名称	数据类型	说明
dpID	Long	排水管网要素的唯一标示 ID
Capacity	Float	排水管的排水量(L/s)
Diameter	Float	排水管的直径
Slope	Float	排水管的斜度
Roughness	Float	排水管壁的粗糙度系数
ptID	Long	对应的地表入水口的测绘点的 ID(一般为雨水箅)

需要说明的是,以上各表的数据编码是对已有典型城区地表特征的编码,但不妨碍其通用性,若有其他地表特征测绘组织,只需扩展编码即可实现城市地表各特征的组织编码。

2.2.2　试验区数据采集与组织

本书选取北京师范大学主校区和北京石景山金安桥附近区域为典型试验区,对其进行城区地表特征采集与数据组织。石景山金安桥位于北辛安路北端、金顶西街、阜石路交叉处,为一座下穿式立交桥。该区域为下凹路段,阜石路二期竣工后,未与北八沟贯通,无法实现顺畅排水。大规模降雨时上述路段的雨水全部汇聚至此,造成大面积积水。金安桥曾在 2012 年 7 月 21 日北京暴雨时,淹没水深达 1 m 多,历时约 3 h,严重影响了城市交通及居民的安全与生活。北京师范大学主校区位于北京市北二环和北三环之间,为典型城市地表,近年,励耘路与南门附近、地下室与地下停车场均发生过严重内涝事故。

对试验区数据采集时仪器选择如下:RTK 测量选取天宝-R8 GNSS 双频接收机、全站仪测量选取尼康 DTM-652 全站仪、三维激光扫描选取 RIEGL VZ-400,对北京石景山金安桥附近约 4 km^2 城区的地表及其各 FCFs(含金安桥区进行三维激光扫描数据采集)、北京师范大学主校区(含地下车库 LiDAR 测量)进行测绘。

1. 北京师范大学试验区

对北京师范大学试验区进行 RTK 和全站仪测量，采用 CAD 组织测量数据如图 2.9(a)所示，其对应属性数据采用数据库管理：SurveyPoint、ConstrainPolyline、ConstrainPolygon、DrainPipe 四个数据表中部分数据如图 2.10 所示，如此便实现了此试验区的空间数据和属性数据的管理。

为便于数据统一，采用 ArcGIS 将数据组织到 Shapefile 管理下的数据，如图 2.9(b)所示。同时，对重点隐患区域即北京师范大学东门主楼的地下车库采用 LiDAR 进行三维激光扫描，数据采集效果如图 2.11 所示。通过 Geomagic 软件对点云数据的几何特征进行逐点提取，然后采用 3ds Max 对其几何特征点进行建模，构建的北京师范大学地下车库模型(包括地上及地下)如图 2.12 所示。

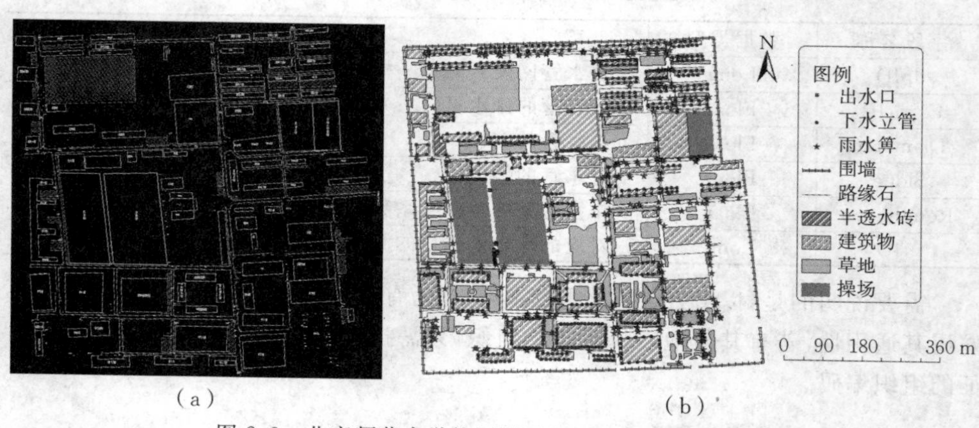

图 2.9 北京师范大学校园测图与 Shapefile 组织入库

ptid	x	y	z	ptType
1	1964.846	2263.128	49.722	P21
2	1964.848	2263.161	49.56	P00
3	1951.776	2262.505	49.773	P23
4	1950.524	2261.718	49.788	P23
5	1949.933	2260.284	49.815	P23
6	1947.664	2262.365	49.619	P11
7	1945.803	2242.897	49.965	P00
8	1949.963	2259.286	49.825	P21
9	1946.203	2259.299	49.737	P00
10	1944.411	2259.018	49.86	P22
11	1944.405	2259.97	49.847	P22
12	1912.765	2260.87	49.815	P11
13	1907.999	2258.255	49.884	P21
14	1907.473	2269.467	49.884	P21
15	1912.322	2267.609	49.793	P11
16	1936.726	2262.92	49.73	P00
17	1936.406	2267.9	49.713	P21
18	1942.386	2271.264	49.789	P21
19	1946.167	2276.541	49.646	P00
20	1949.951	2272.788	49.71	P22
21	1950.823	2270.693	49.72	P22
22	1953.548	2269.638	49.688	P22

lnID	numPts	conLnType	ptOrderID	ptID
35	11	L1	5	1
35	11	L1	4	3
35	11	L1	3	4
35	11	L1	2	5
35	11	L2	1	8
34	3	L2	1	10
34	3	L2	2	11
34	3	L2	3	13
13	5	L1	5	14
13	5	L1	4	18
12	11	L1	6	20
12	11	L1	7	21
12	11	L3	8	22
12	11	L3	9	29
12	11	L3	10	30
12	11	L3	11	31
14	6	L4	3	35
14	6	L4	2	36
14	6	L4	1	37
14	6	L4	4	44
14	6	L1	5	45
14	6	L1	6	46

图 2.10 北京师范大学试验区的测量数据组织入库

图 2.11　北京师范大学主楼及其地下停车场入口激光点云

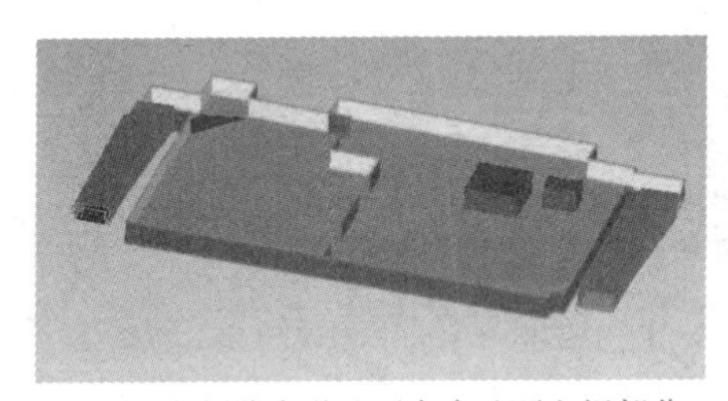

（a）北京师范大学地下车库地下空间部分

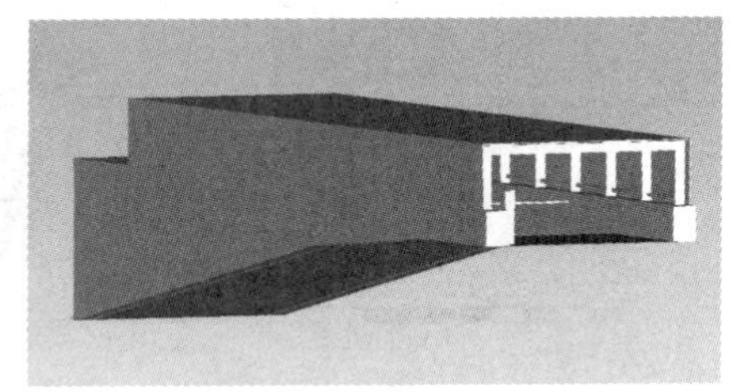

（b）北京师范大学地下车库顶棚地上部分

图 2.12　北京师范大学地下车库三维建模效果

2. 北京市石景山金安桥试验区

北京石景山金安桥为典型下穿式立交桥，如图 2.13 所示，对其附近城区地表进行 RTK 和全站仪测量，并对测量数据进行编码组织入库（数据库设计同北京师范大学，此处不再赘述），采用 ArcGIS 组织数据，如图 2.14 所示。同时，采用 LiDAR 对金安桥地区进行重点扫描。扫描区共包括立交桥区、前坡道（大约 220 m）及立交桥北十字路口的开阔地带，扫面范围约为 13 530 m^2，扫描点云效果如图 2.15 所示。利用 Geomagic 软件对点云数据的几何特征进行逐点提取，然后在 3D MAX 中对金安桥的几何特征进行建模。

图 2.13　北京石景山试验区及金安桥附近城区情况

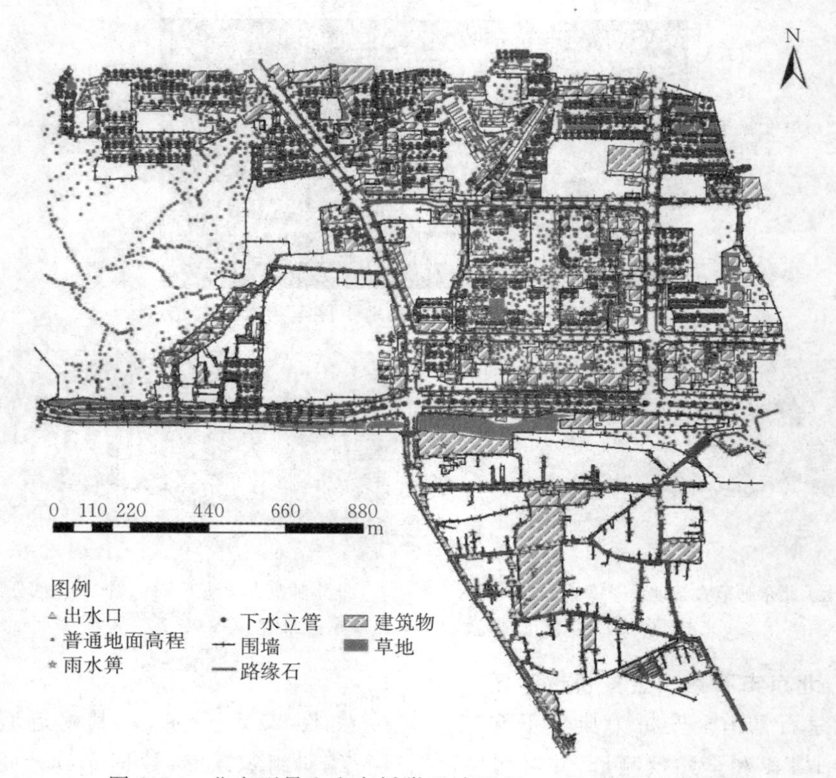

图 2.14 北京石景山金安桥附近城区 Shapefile 组织入库管理

图 2.15 北京石景山金安桥激光点云及其三维建模效果

2.3 城区地表三维无缝集成的精细建模

城市高精度三维地表模型是城市内涝模拟分析的基础，一般采用栅格表达的地表模型进行城区内涝模拟(Bates et al.,2000; Chen et al.,2009; 刘仁义 等,

2001)。由于栅格表达地形的局限性,对城区地表精细约束特征(FCFs)无法精细建模与表达,而恰恰是该FCFs限制了城区地表汇流方式与时空过程(Fewtrell et al.,2011)。采用CD-TIN则可将各FCFs作为C集予以建模和表达。同时,城市地表与城市各地理空间对象(如道路、建筑物、构筑物、立交桥等)之间需构建无缝集成的地表(王彦兵,2005),无缝、无冗余、拓扑集成的地表便于后续汇水计算和淹没模拟。因此,本章采用CD-TIN构建高精度城市地表,其中对约束特征集(C集)进行无缝集成建模,如路缘石、建筑物边界、地下空间入口等。CD-TIN可以耦合地表中各三角形点、线、面的属性,可以记录各点、线、面拓扑关系,方便后续汇水单元的产汇流及其淹没分析。

2.3.1 基于CD-TIN的城市地表无缝集成建模

1. 约束德洛奈三角网(CD-TIN)理论

利用德洛奈三角剖分(Delaunay triangulation,DT)和约束德洛奈三角剖分(constrained Delaunay triangulation,CDT)可以得到德洛奈三角网(Delaunay triangulated irregular network,D-TIN)和约束德洛奈三角网(constrained Delaunay triangulated irregular network,CD-TIN)。本书涉及较多的CDT的操作:点插入、点删除、线插入、线删除、面插入和面删除。

D-TIN具有最小内角最大、平均形态比最大的特征,是指定区域内离散点的最佳三角剖分(Boissonnat et al.,2000;王彦兵,2005)。CD-TIN则是顾及各约束条件最接近D-TIN的三角剖分,是满足约束空圆特性的德洛奈三角剖分(Chew,1989)。此处约束空圆特征是指进行约束德洛奈三角网构建时任意三角形符合可视性和局部优化特性。

为便于后文阐述,对部分理论和概念定义如下(王彦兵 等,2005)。

(1)D-TIN:设图$T=(D,G)$,点集D的任意三角剖分为$T(D)$,当且仅当$T(D)$满足空圆特性,即$T(D)$中任意三角形s的外接圆内不包含D中的其他点,点集D的德洛奈三角剖分记为$T(D)$。

(2)局部优化特性(LOP):如果CD-TIN图T中的普通三角形的三条边都不是约束线,则该三角形必满足德洛奈的空圆法则或者是最小角最大的法则,以保证CD-TIN为最优化三角剖分。

(3)可视性:CD-TIN图$T=(D,G)$是点集D中任意两点d_1、$d_2 \in D$,$d_1d_2 \in E$($E=\{d_1d_2,d_3d_4,d_5d_6,\cdots,d_md_n\}$是约束边集合),当且仅当线段$d_1d_2$在图$T$内不与$E$中任意边相交,称$d_1$和$d_2$是可视的。CD-TIN中的约束线段必须满足可视性。

(4)CD-TIN:设图$T=(D,A \cup B)$,A、B非空集合。点集D的任意三角剖分记录为$P(D)$,约束边$d_1d_2 \in B$,d_1、$d_2 \in P$,当点d_1和点d_2在图T中可视,并

满足 d_1d_2 的空圆特征时，则称 $P(D)$ 为 CD-TIN。

当前 CD-TIN 构建算法的研究已相对成熟，较为典型的构建方法有约束图法(Lee et al.，1986)、分割-合并算法(Lee et al.，1980)、加密点算法、三角形生长算法和分步法等。几种算法各有利弊，适用情况和算法效率不同。Chew(1989)推广到约束域的分治算法、Boissonnat(1988)的加密算法、SHELL 三角化算法(Piegl et al.，1993)、两步算法(Floriani et al.，1992)。当前应用较多的算法为“两步法”，即首先建立地表离散的德洛奈非约束三角网，然后将约束特征逐步加入构建的 D-TIN 中形成 CD-TIN，典型算法代表为 Bernal 和 Sloan 提出的对角线交换循环算法、Floriani 提出的约束域三角化算法。由于对角线交换循环算法效率适中、易于实现、便于城区地表的动态更新，故本书采用该算法构建 CD-TIN。

2. 地表 CD-TIN 数据结构与拓扑关系

数据结构是后续构建 CD-TIN 算法的基础，其设计决定了算法效率的高低；健壮的拓扑关系不仅集成表达了城区地表，而且可提升三角网的构建和检索效率，同时可为基于 CD-TIN 地表划分汇水单元和模拟提供快速检索和数值求解的高效算法。因此，采用面向对象的设计方法，利用统一建模语言(unified modeling language，UML)(Lara et al.，2014)，CD-TIN 中各要素的 UML 逻辑关系和数据结构如图 2.16 所示，Point 类、Edge 类、Triangle 类是构网的基础类，点组成边(2∶1)，边组成面(3∶1)，点组成面(3∶1)；Point、Edge、Triangle 类聚合成 D-TIN 类；CD-TIN 类继承 D-TIN 类，用于构建带约束特征的三角网。

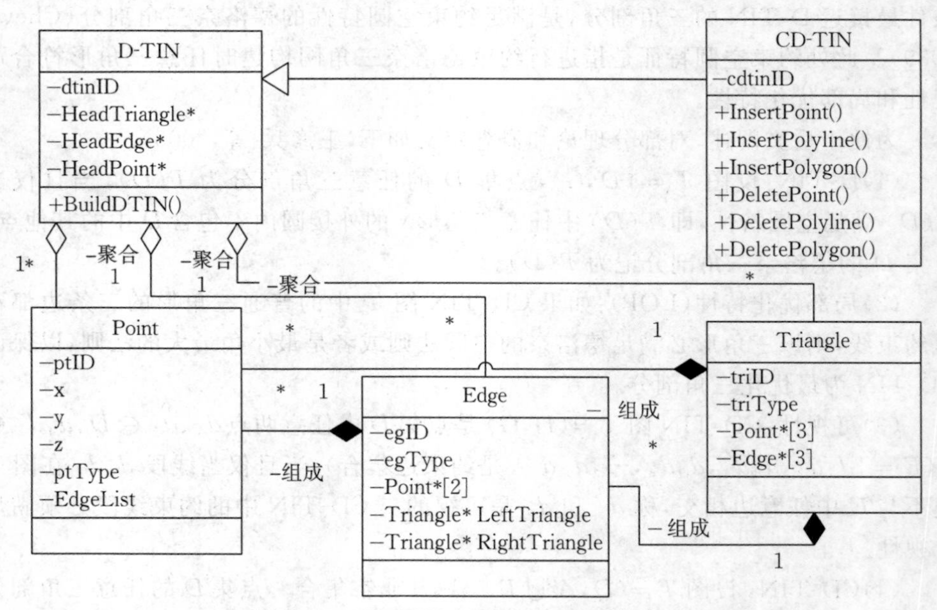

图 2.16 CD-TIN 各要素 UML 逻辑关系

基于上述城区地表CD-TIN的UML图，点、线、面的数据结构和拓扑结构具体设计如表2.9和表2.10所示，其中拓扑结构采用半隐式拓扑结构，便于存储和查询。

(1)点类为CD-TIN的基础类，主要记录了坐标信息、点位属性信息、所邻接的边表及其双链表结构下的链接的前后点。其对应数据结构如表2.9所示。

表2.9 点类对象的数据结构

Class Point		
数据成员	long ptID	点的唯一标示
	double x	点的 x 坐标
	double y	点的 y 坐标
	double z	点的 z 坐标
	char ptType	点的属性类型，对应表2.3中数据编码
	list<Edge* > EdgeList	点所邻接的边的链表，存储其对应指针
	Point* prePt	前一个点指针
	Point* nextPt	后一个点指针
成员函数	Void BuildEdgeList()	构建点所邻接的边链表

(2)边类是CD-TIN拓扑的关键，是由点类聚合而成的类，主要记录了边的属性类型及对应的两个顶点、左右三角形、双链表结构中的前后边及其对偶边，对偶边指针的存在完善了拓扑结构，更方便后续的邻接点、面的查找。其对应数据结构如表2.10所示。

表2.10 边类对象的数据结构

Class Edge		
数据成员	long egID	边的唯一标示
	int egType	边的属性类型，对应表2.5中数据编码
	Point* Node[2]	记录组成边的两个顶点
	Triangle* leftTriangle	记录该边的左三角形
	Triangle* rightTriangle	记录该边的右三角形
	Edge* preEdge	前一条边的指针
	Edge* nextEdge	后一条边的指针
	Edge* twinEdge	双链表结构的对偶边
成员函数	Void LeftRightTriangle()	获取边的左右三角形指针
	Void LOP()	边的局部优化，保证满足空圆法则

(3)三角形类对应CD-TIN中各三角形实体，是由点类和边类聚合而成的类，主要记录了三角形的属性类型，以及对应的三个顶点、三条边、双链表结构的前后三角形。其对应数据结构如表2.11所示。

表 2.11 三角形类对象的数据结构

Class Triangle		
数据成员	long triID	三角形的唯一标示
	int triType	三角形的属性类型,对应表 2.7 中数据编码
	Point* m_Node[3]	记录组成三角形的三个顶点
	Edge* m_Edge[3]	记录组成三角形的三条边
	Triangle* preTri	前一个三角形指针
	Triangle* nextTri	后一个三角形指针
成员函数	Void BuildTriangle()	构建三角形自身

(4)D-TIN 类是由点类、边类和面类聚合而成的类,主要是实现地面非约束不规则三角网的组织建模,由双链表组织下的顶点头指针、边头指针、三角形面头指针组成。对应数据结构如表 2.12 所示。

表 2.12 D-TIN 类对象的数据结构

Class D-TIN		
数据成员	long dtinID	D-TIN 网的唯一标示
	Point* headPoint	D-TIN 网中的各顶点的头指针
	Edge* headEdge	D-TIN 网中的各边的头指针
	Triangle* headTriangle	D-TIN 网中的各三角形的头指针
成员函数	Void BuildDTIN()	构建 D-TIN 三角网
	Void JudgeEmptyCircle()	判断空圆法则

(5)CD-TIN 类主要实现地面约束不规则三角网的组织建模,包含了对城区各约束点、约束线、约束面特征的插入和删除操作。其对应数据结构如表 2.13 所示。

3. 城区 CD-TIN 地表的构建与修改

本书采用"两步法"构建 CD-TIN 城区地表:先建立地表离散点的 D-TIN,然后将约束特征(含约束点、约束线、约束面特征)逐步加入构建的 D-TIN 中形成 CD-TIN,其中约束特征的构建采用对角线交换循环算法。地表的修改过程主要涉及点删除、线删除、面删除算法。

表 2.13 CD-TIN 类对象的数据结构

Class CDTIN: public DTIN		
数据成员	long cdtinID	CD-TIN 网的唯一标示
成员函数	Void InsertPoint()	插入约束点特征
	Void InsertPolyline()	插入约束线特征
	Void InsertPolygon()	插入约束面特征
	Void DeletePoint()	删除约束点特征
	Void DeletePolyline()	删除约束线特征
	Void DeletePolygon()	删除约束面特征

1)D-TIN 的构建

D-TIN 的构建算法较多，如逐点插入法、三角网生长法、分治算法、凸包法等，其中分治算法的复杂度为 $O(n\log n)$，效率相对较高，故本书采用分治法构建 D-TIN(Dwyer,1987)。对于给定的 n 个互不重合的城区地表离散点集 V，分治算法的具体步骤如表 2.14 所示(吴立新 等,2003)。

表 2.14 分治算法构建 D-TIN 算法步骤

算法描述：该算法采用分治策略实现离散点集 V 的 D-TIN 构建
算法步骤： 步骤 1 以横坐标为主、纵坐标为辅，将离散点集 V 按升序排列。 步骤 2 将离散点集 V 分成近似相等的两个子集 V_L 和 V_R。 步骤 3 在子集 V_L 和 V_R 中采用逐点插入法构建三角网及其拓扑结构，并用 LOP 局部优化所生成的三角网。 步骤 4 计算 V_L 和 V_R 的凸包，找出连接两子集的公共边及其邻接的两个三角形。 步骤 5 从凸包下部的公共边开始，由底向上合并其邻接三角形。若某一公共边的一个顶点位于某三角形的外接圆内，则删除此边，然后利用德洛奈法则选择正确的边。 步骤 6 重复步骤 2 至步骤 5，直到最终的 D-TIN 建立完毕。

2)约束点特征的插入

约束点特征的插入使构建的 CD-TIN 既满足德洛奈法则又满足空圆特性。对于指定的 CD-TIN 图 T 中插入约束点 p 的算法如表 2.15 所示。

表 2.15 约束点特征插入算法

算法描述：该算法实现向 CD-TIN 图 T 中插入点 p
算法步骤： 步骤 1 检索 p 在图 T 中所处的三角形 t。 步骤 2 将 t 剖分为三个子三角形 $t_i(i=1,2,3)$。 步骤 3 各子三角形 t_i 和与点 p 相对的邻接三角形构成四边形优化。 步骤 4 如果三角形的边为约束边，则保留该子三角形；否则按照 LOP 法则对局部进行优化。 步骤 5 修改插入 p 点之后的局部拓扑结构和属性信息。

3)约束线特征的插入

城区地表约束线特征为多段线，插入之前需拆分为多个直线段。约束点特征插入是约束线段插入的基础算法，约束线插入首要步骤是线段的两个端点的插入，按照表 2.15 算法生成子三角形，然后采用表 2.16 所示算法对影响域内的对角线进行交换(吴立新 等,2003)。

表 2.16 约束线特征插入算法

算法描述:该算法实现向 CD-TIN 图 T 中插入约束线段 l
算法步骤:
步骤 1 检索约束边 l 的影响区域及其区域内的对角线。
步骤 2 从约束边 l 的起点 beginPoint 开始,检索与该约束边相交的边 e_j($j=1,2,\cdots,m$,m 为 l 边影响区域内的对角线总数),检测该边相邻三角形的对点 oppsitePoint 是否为目标点 finalPoint:若是,则转入步骤 6;否则,记录原始起点 originalPoint = beginPoint。
步骤 3 分别计算 e_j 的两个端点 N_1、N_2 与起始点 beginPoint、对点 oppsitePoint 所构成的三角形(beginPoint-N_1-oppsitePoint,beginPoint-N_2-oppsitePoint)的面积(定义按逆时针方向排列面积为正,反之为负),分别记录为 flag$A$ 和 flag$B$。若一正一负,则转入步骤 6;若都为正,则转入步骤 4;若都为负,则转入步骤 5。
步骤 4 将 N_1 的值赋给 beginPoint,并且检测此时临时点 beginPoint 与目标点 finalPoint 记录是否为直接不规则三角网(TIN)边。若是,则标记 flagJoin 为 false,则 beginPoint=originalPoint,转入步骤 2;否则,flagJoin 为 true,转入步骤 2。
步骤 5 将 N_2 的值赋给 beginPoint,并且检测此时临时点 beginPoint 与目标点 finalPoint 记录是否为直接 TIN 边。若是,则标记 flagJoin 为 false,则 beginPoint=originalPoint,转步骤 2;否则,flagJoin 为 true,转入步骤 2。
步骤 6 对角线交换,修改对应的拓扑结构,并记录各边属性;若 flagJoin 为 true,则 beginPoint=originalPoint,若 flagJoin 为 false,转入步骤 2。
步骤 7 结束。

4)约束面特征的插入

约束面特征即约束多边形是由一系列首尾相连的约束线组成,则约束面特征在 CD-TIN 中的插入算法可理解为约束线段的按顺序依次插入的过程,需要说明的是在构建约束面内部的三角形时应该赋值对应的属性信息,便于后续产汇流分析。具体算法过程不再赘述。

5)约束点特征的删除

约束点特征的删除作为插入操作的逆运算,其算法相对复杂(Devillers,1999),尤其是针对 CD-TIN 的点特征的删除算法(Wu et al.,2007)。本书采用王彦兵等(2004)提出的一体化凸耳消元法(integral ear elimination,IEE)。所谓凸耳是指在构建的 D-TIN 中,删除数据点时从其影响域中逆时针选取三个相互邻接的点组成的新三角形。如果三角形相对于待删除点是凸的,并且外接圆内不包含其他点,则称此三角形为凸耳。而凸耳消元法(ear elimination)就是基于 Lawson LOP 的边交换规则从影响域中删除各个凸耳,直至剩余三个点,从而删除待删除点、重新三角剖分影响域(Devillers,1999)。一体化凸耳消元法将 CD-TIN 中的各约束点和约束线考虑其中,当删除非约束点时,部分约束线可能包含于其影响域内,则在后续的对角线交换过程中需要保留该约束线特征;当删除约束点时,对应的约束线删除且只剩余此外一个顶点(王彦兵,2005)。从 CD-TIN 图 $T=(V\cup\{p\},A)$ 删除点 p,其具体算法步骤如表 2.17 所示。

$$M(a,b,c)=\begin{vmatrix} x_a & y_a & 1 \\ x_b & y_b & 1 \\ x_c & y_c & 1 \end{vmatrix} \tag{2.1}$$

$$MN(a,b,c,d)=\begin{vmatrix} x_a & y_a & x_a^2+y_a^2 & 1 \\ x_b & y_b & x_b^2+y_b^2 & 1 \\ x_c & y_c & x_c^2+y_c^2 & 1 \\ x_d & y_d & x_d^2+y_d^2 & 1 \end{vmatrix} \tag{2.2}$$

表 2.17　约束点特征删除算法(王彦兵,2005)

算法描述:该算法实现从 CD-TIN 图 T 中删除点 p
算法步骤:
步骤 1　判断点 p 是否为约束点,如果点 p 为约束点,标示该点,并检索与之相关联的约束线的另一顶点 p'。
步骤 2　检索与点 p 相关联的点集 $Q=\{q_0,q_1,\cdots,q_{i-1},q_i=q_0\}$,各点按逆时针排列,确定删除点的影响域 $I(q_0,q_1,\cdots,q_{i-1},q_i,\cdots,q_0)$。
步骤 3　任取三角形 $T(q_{i-2},q_{i-1},q_i)$,按式(2.1)计算 $M(q_{i-2},q_{i-1},q_i)$ 和 $M(q_{i-2},q_i,p)$,如果满足下列任一条件,则 T 不是凸耳,取下一个三角形,重复步骤 3;否则转入步骤 4。
a)若 $M(q_{i-2},q_{i-1},q_i)=0$ 或者 $M(q_{i-2},q_i,p)=0$;
b)若 $M(q_{i-2},q_{i-1},q_i)<0$,则 p 的影响域在三角形 T 处是凹的;
c)若 $M(q_{i-2},q_i,p)<0$,则三角形 T 包含点 p,四边形 (q_{i-2},q_{i-1},q_i,p) 是凹的。
步骤 4　按照式(2.2)计算 $N(q_{i-2},q_{i-1},q_i,p)$,即检测该影响域内的其他点 q 是否包含在三角形 $T(q_{i-2},q_{i-1},q_i)$ 的外接圆内,如果 $N(q_{i-2},q_{i-1},q_i,p)>0$,则点 q 包含在三角形 T 的外接圆内,取下一个三角形,转入步骤 3;否则转入步骤 5。
步骤 5　交换对角线 $q_{i-2}q_i$ 和 $q_{i-1}p$,将三角形 $T(q_{i-2},q_{i-1},q_i)$ 从影响域 I 中删除,更新影响域;若 $q_{i-1}=p'$,即 $q_{i-1}p$ 为约束边时,对三角形 T 及其与边 $q_{i-2}q_{i-1}$ 和边 $q_{i-1}q_i$ 相邻的两个三角形做德洛奈法则检查,并做边交换处理。
步骤 6　重复步骤 2 至步骤 5,直至影响域中只剩下三个点,则合并此三点并删除点 p。
步骤 7　更新拓扑结构和属性信息,结束。

6)约束线特征的删除

从 CD-TIN 中删除约束线特征算法是其插入算法的逆运算,其基础是约束点特征的删除算法。删除约束线特征要保证重构后的 CD-TIN 符合空圆法则,并且要保证 CD-TIN 图的拓扑完备性。本书借鉴王彦兵等(2005)提出的虚点影响域重构算法(influence domain retriangulation for virtual point,IDRVP),进行约束线特征的删除。该算法给出了虚点(即约束特征的交点)存在情况下的约束线特征删除算法，本书的试验城区数据主要采集地表各特征 FCFs，高程方向上无重复点位，暂无虚点存在的情况。算法具体步骤如表 2.18 所示。

表 2.18 约束线特征删除算法

算法描述：该算法实现从 CD-TIN 图 T 中删除约束线特征 L
算法步骤：
步骤 1　搜索约束线 $L=\{l_1,l_2,\cdots,l_n\}$ 的各个直线段 l_i，记录各线段的顶点为 $P=\{p_1,p_2,\cdots,p_m\}$。
步骤 2　若 P 集非空，则从 P 集中取出点 p_i，转入步骤 3；否则，转入步骤 4。
步骤 3　采用约束点删除算法删除顶点 p_i，更新局部拓扑结构，转入步骤 2。
步骤 4　约束线 L 被删除，更新拓扑结构和各边的属性信息。
步骤 5　结束。

7)约束面特征的删除

约束面特征是由一系列约束线特征首尾相连组成的面状数据，故对约束面特征的删除可参考约束线特征，但需要说明的是由于城区地表的特殊性，在进行约束面特征的删除时其对应的三角形属性和拓扑信息发生改变，需要在算法上稍做修改，在此不再赘述。

2.3.2 基于 CD-TIN 的内涝隐患区集成建模

本书对城区内涝隐患区域，如地下空间（地下室、地下车库、地下商场等）、下穿式立交桥等进行模型构建。对地下空间的建模采用地上、地下双层 CD-TIN 结构，如图 2.17 所示（彩图见书后插页），其中蓝粗线标示了城区的约束特征，地表的 CD-TIN 网（即图中 T 面）与地下 CD-TIN 网（即图中 U 面）通过地下空间入口线（红色粗线）进行无缝的集成，此入口线为地上积水流入地下空间的关键特征。

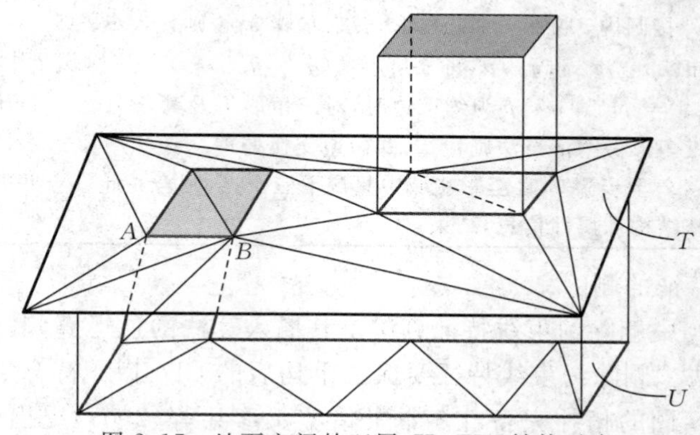

图 2.17 地下空间的双层 CD-TIN 结构示意

城区下穿式立交桥较多，为内涝多发区域。以图 2.18（彩图见书后插页）为例，本书采用双 CD-TIN 集成的方法，通过蓝粗线边界作为集成边，实现城区地表 CD-TIN 网（即图中 T）与下穿式立交桥区（即图中 B，为局部重点研究区，用 LiDAR 等精细采集建模）的无缝精细集成建模。

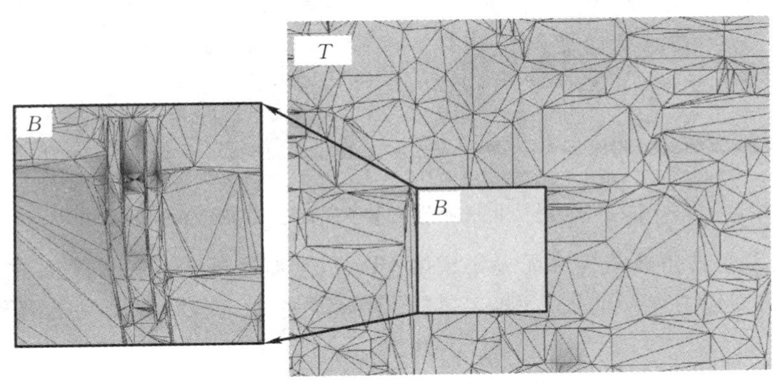

图 2.18　地表立交桥区双 CD-TIN 无缝集成建模示例

2.3.3　城区地表 CD-TIN 精细建模效果

利用上文采集的试验城区（北京师范大学和北京石景山金安桥地区）地表数据，按照城区内涝精细无缝建模方法对其进行建模。以北京师范大学校园城区地表为例，如图 2.19 所示，相对于 D-TIN 方法构建的城区地表（图 2.19(a)），CD-TIN 方法（图 2.19(b)）能够更好地刻画城区精细特征，并且对各地物建模清晰真实（图 2.19(c)），同时，建（构）筑物可无缝地通过约束建（构）筑边进行三维集成建模（图 2.19(d)）。

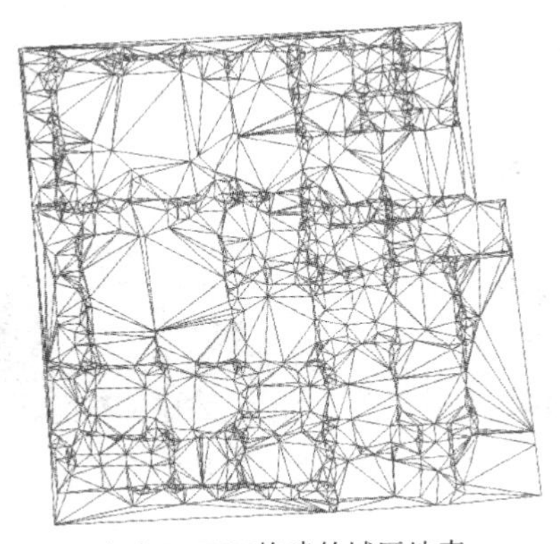

(a) D-TIN构建的城区地表

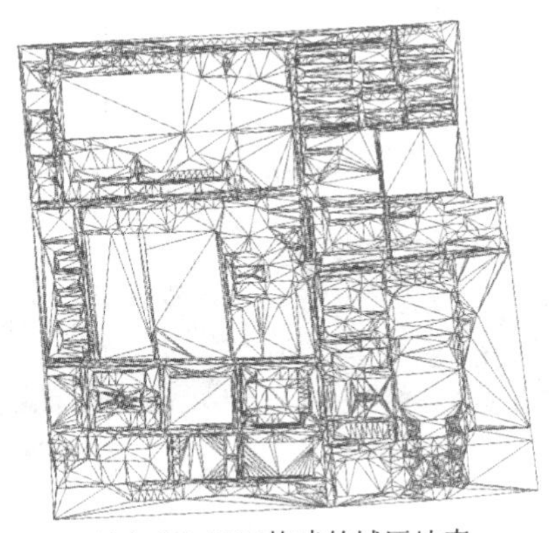
(b) CD-TIN构建的城区地表

图 2.19　北京师范大学校园地表 CD-TIN 模型

（c）纹理模式下的CD-TIN城区地表

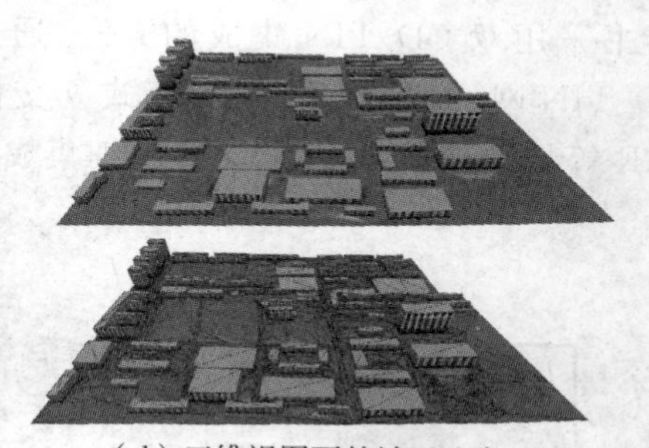

（d）三维视图下的城区地表

图 2.19(续) 北京师范大学校园地表 CD-TIN 模型

采用半隐式拓扑结构对无缝集成的 CD-TIN 城区地表的拓扑关系进行存储，以图 2.19 构建的局部地表为例，$\triangle ABC$ 存储了各点、边、面的拓扑结构及其属性信息。

对重点隐患区域地下空间，本书以北京师范大学主楼地下车库为例进行 CD-TIN 构建，从而形成地上、地下双层 CD-TIN 地表，两者通过地下空间入口线进行无缝集成，建模效果如图 2.20 所示，为后续隐患区的淹没模拟与推演分析提供了基础地表数据。

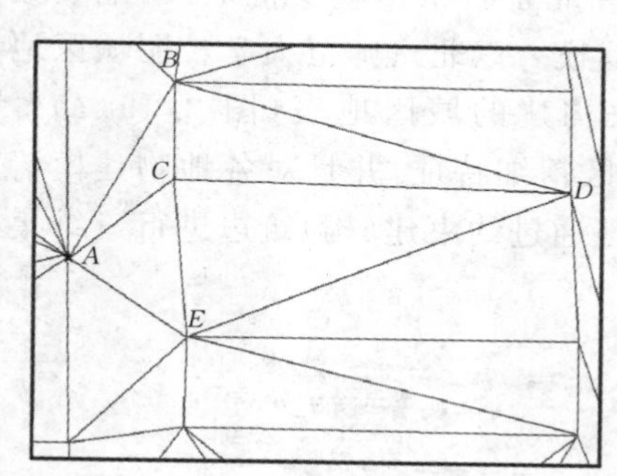

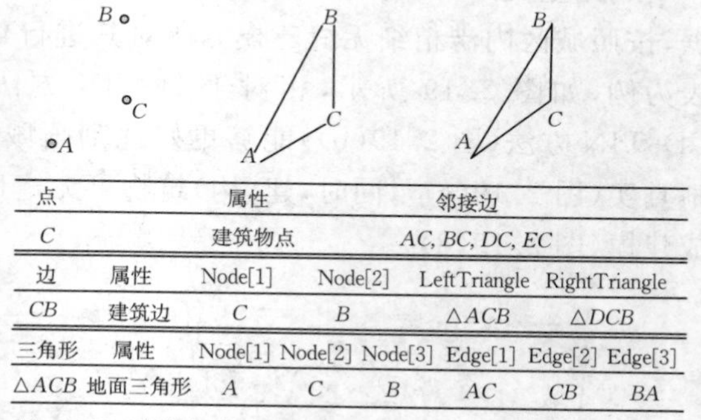

点	属性	邻接边
C	建筑物点	AC, BC, DC, EC

边	属性	Node[1]	Node[2]	LeftTriangle	RightTriangle
CB	建筑边	C	B	△ACB	△DCB

三角形	属性	Node[1]	Node[2]	Node[3]	Edge[1]	Edge[2]	Edge[3]
△ACB	地面三角形	A	C	B	AC	CB	BA

图 2.20 局地 CD-TIN 属性拓扑结构示意

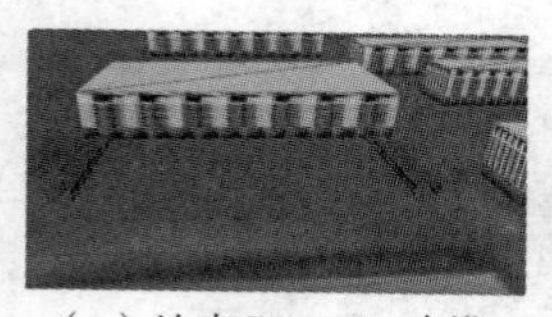

（a）地表CD-TIN建模

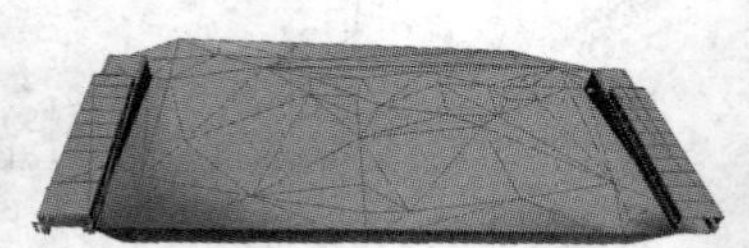

（b）地下车库CD-TIN建模

（c）地下车库地表入口处无缝建模

图 2.21 地下空间的地上、地下无缝集成三维建模效果

同理，对北京石景山金安桥地区约 4 km^2 的试验区进行精细无缝的内涝地形建模，如图 2.22 所示，对城区各 FCFs 特征进行建模，同时实现建(构)筑物的三维无缝集成建模。

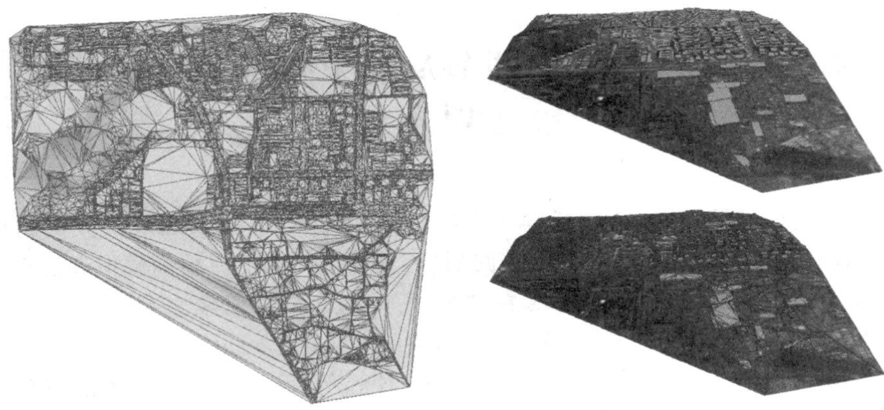

图 2.22　北京石景山金安桥地区 CD-TIN 无缝集成建模

采用地表双 CD-TIN 无缝集成，可实现重点隐患区域——下穿式立交桥区的三维精细建模，北京石景山金安桥建模效果如图 2.23 所示，图 2.23(a)为显示三角形构网模式下的建模效果，图 2.23(b)为去除建筑物显示后的地表建模效果，为后续下穿式立交桥淹没模拟和推演提供了基础地表数据。

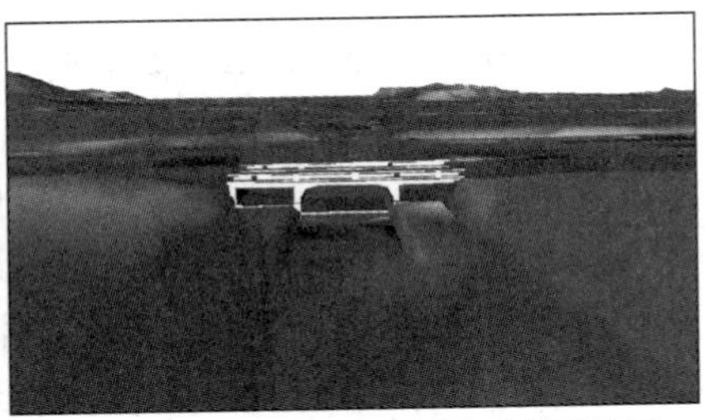

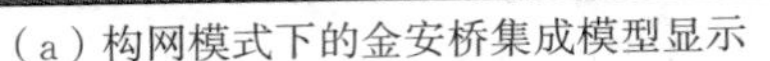

(a) 构网模式下的金安桥集成模型显示　(b) 无构网模式的金安桥集成模型显示

图 2.23　北京石景山金安桥无缝集成三维建模效果

第3章　顾及地表细节及约束特征的城市汇水单元划分方法

顾及雨水井口或雨水箅、城市建(构)筑物、路缘石等地表细节及关键约束特征,对地表单元进行精细而合理的空间划分,是城市局部汇流精确模拟和汇水面积计算的关键。虽基于栅格数字地表划分汇水单元的研究较多(Costa-Cabral et al.,1994;Freeman,1991;Marks et al.,1984;Martz et al.,1992;O'Callaghan et al.,1984;Palacios-Vélez et al.,1986;张书亮 等,2007),但栅格不能充分表达汇流方向,并且无法精细表达城市地表,故有学者进行了基于德络奈三角网(D-TIN)的汇流路径提取和汇水单元划分研究(Bänninger,2006;Gabrisch,2010;Li et al.,2014;Liu et al.,2005;Tachikawa et al.,1994;Theobald et al.,1990;刘学军 等,2008)。汇水单元的划分需要顾及地表微小起伏、下垫面的渗水能力空间分异,以及局部地表的高程突变等诸多地面特征,并且需建立汇水单元之间的邻域作用模式。

本章顾及城区地表精细约束特征(FCFs),提出两种城区汇水单元划分的新模式:面—点模式和面—边模式(Li et al., 2014)。①基于面—点模式的城区汇水单元划分方法:根据约束不规则三角形网(CD-TIN)构建的城市地表,进行面片顶点高程计算和出水口的确定,采用水往低处流的基本思想,设定三角形面片上水首先流向该面片的最低顶点,然后沿最陡边流向邻接的最低点,依次汇流追踪至最低洼地点,从而完成所有三角形的水流判断;根据各三角形的汇流情况,结合汇流终点的标示,实现汇水单元的划分。②基于面—边模式的城区汇水单元划分方法:先结合汇水边、分水边、过水边的定义,给出了城区汇流路径和汇水单元划分的数据结构和算法,进而进行汇水边的汇流追踪标示各三角形,提取汇流路径和划分汇水单元,并结合汇水单元树给出了汇水单元动态划分方法。本章可望为城市汇水单元的划分提供一种新的方法,从而服务于城市水文、内涝分析等软件研发与实际应用,填补了国内外空白。此外,本章介绍的方法若不考虑约束特征也可应用于流域尺度的汇流路径提取和汇水单元的划分。

3.1　传统栅格数字地表的汇水单元划分

传统的基于栅格表达的数字地表的水文特征分析步骤为:判断各栅格的水流方向、依据流向连接各栅格形成汇流、提取汇流路径和汇水单元等其他水文特征(李丽 等,2003)。故水流流向算法是各研究的基础,当前的基于栅格地表的水流算法分为单流向和多流向两大类(表 3.1)。基于流水方向假设的不同,导致分析结果各异。

以应用最广的 D8 算法为例说明栅格提取汇水单元步骤(图 3.1)。D8 算法的基本原理是假定水流的方向唯一且沿最陡坡度进行汇流,即计算各格网与邻域八个网格中心点的距离权高差,取最大者为该网格的水流方向。

首先,计算各栅格与邻域栅格的距离权高差;然后,取最大值依据定义的八个流向进行汇流方向指定;再后,假定图 3.1(a)中的每个格网存在 1 个单位的水量,依据图 3.1(b)中定义的方向进行汇流,对栅格的流入水量进行累加,进而得到图 3.1(d)的水流累积矩阵;最后,在流水方向和流水累积量分析的基础上,可进一步进行汇流路径、单位汇水面积和汇水单元的划分。

表 3.1　基于栅格数字地表的流向算法(吴立新 等,2003)

类别	算法
单流向算法(single flow direction, SFD)	最大坡降算法 D8 (O'Callaghan et al. ,1984)
	随机四方向 Rho4 和八方向法 Rho8(Fairfield et al. ,1991)
	流向驱动法(Lea,1992)
	DEMON 法(Costa-Cabral et al. ,1994)
	D∞法(Tarboton,1997)
多流向算法(multiple flow direction,MFD)	基于坡度的 MFD 法(Quinn et al. ,1991)
	基于坡度指数的 MFD 法(Freeman,1991)
	形态算法(Pilesjo et al. ,1998)

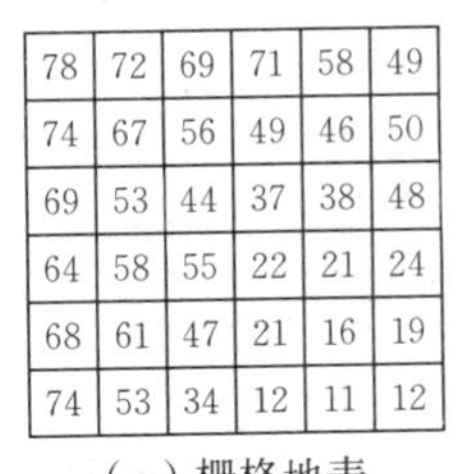

(a)栅格地表

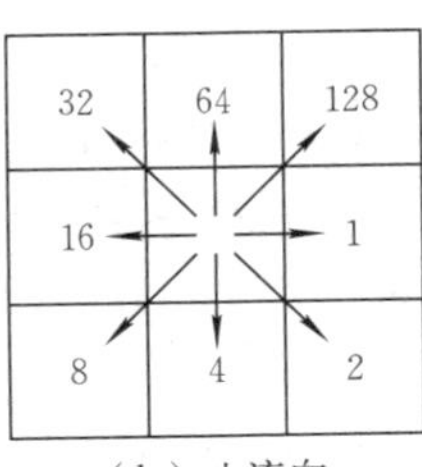

(b)八流向

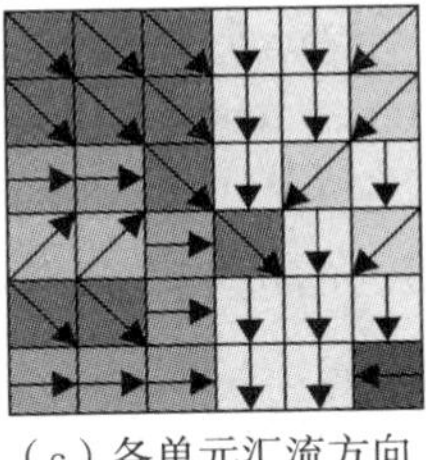
(c)各单元汇流方向

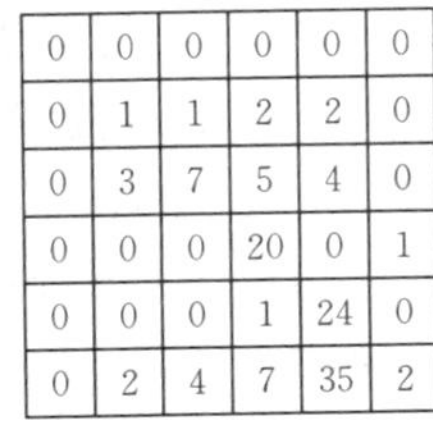

(d)累积矩阵

图 3.1　D8 算法下的汇流分析(吴立新 等,2003)

3.2　基于面—点模式的城区汇水单元划分

3.2.1　定义与原理

结合上文传统的基于栅格的汇水单元提取,为便于后续概念和算法的阐述,对相关术语进行解释。

上游三角形(upstream triangle):指所有沿汇流路径汇流到某顶点的三角形称为该顶点的上游三角形。其中,各三角形高程最低顶点的上游三角形初始标示为它所在的三角形。

汇流洼地点(confluence pit point):指地形上局部高程最低的点。

汇流路径(flow path):指地形上坡度最陡方向上的水流路径,终止于洼地点或者是地形的边界。

集水区(contribution area):相对于某点而言,其集水区通常指汇流路径中包含该点的区域。

汇水单元(water basin unit):指洼地点的集水区域。

一级汇水单元(first level water basin unit):指基于CD-TIN地表按照面—点汇流模式,首次划分形成的封闭地表区域。

汇水单元出水口(outlet point):指汇水单元的边缘点中高程值最低的点。

低洼顶点(pit point):指汇水单元中高程值低于出水口的顶点。其中,汇水单元内局部高程最低的低洼顶点称为局部洼地点。

父级汇水单元(father level water basin unit):指相对于上一级汇水单元的划分,按照上一级汇水单元的出水口高程值填平上一级汇水单元内的低洼顶点,然后按照面—点汇流模式,再次划分形成的封闭地表区域。例如一级汇水单元向上划分后的父级汇水单元为二级汇水单元,二级汇水单元的子汇水单元为一级汇水单元,依此类推。

多级汇水单元(multi-level water basin unit):指相对于一级汇水单元而言,根据一级汇水单元的划分结果,按照多级汇水单元划分方法形成的二级汇水单元、三级汇水单元等,统称为多级汇水单元。

面—点汇流模式(facet to node confluence mode):面—点—边—点汇流的简称(Li et al.,2014),即三角形面片上的水先汇流到各三角形高程最低顶点,然后沿着三角形边汇流到邻近的边坡度最陡顶点,直到汇流至终点(即局部洼地点)的汇流模式。

面—点汇流模式是基于水往低处流的基本原理,参考栅格汇流的D8算法,假定三角形面片上的水先汇流至其高程最低顶点,然后沿坡度最陡边流向邻域最低点,依次汇流追踪、累积汇流水量计算,实现汇流路径的提取,进而依据汇流标示搜索上游三角形,划分汇水单元。如图3.2所示(彩图见书后插页),图中字母括号内代表了示意高程值、箭头标示水流方向、不同的颜色图案标示了划分的不同汇水单元。根据面—点汇流模式可标示上游三角形,并依据最终标示来划分汇水单元,图中不同的颜色标示了不同的汇水单元。

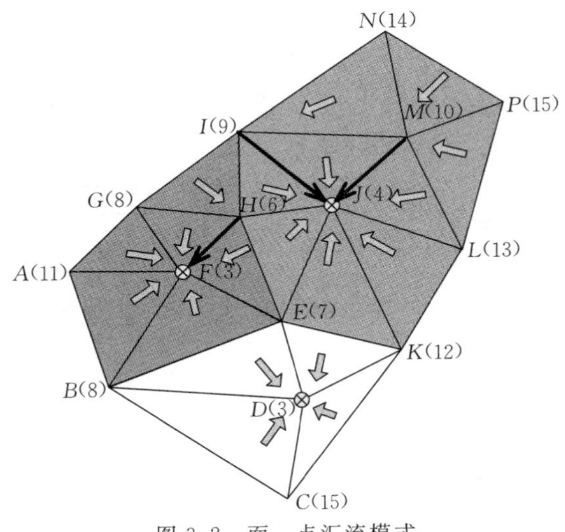

图 3.2　面—点汇流模式

3.2.2　算法设计与实例

汇水单元划分的前提是汇流路径提取，根据三角形面片上的水汇流到各三角形高程最低顶点，沿着三角形边汇流到邻近的边坡度最陡顶点，直到汇流终点；根据该汇流方式标示的三角形各顶点的汇流水量由低到高追踪提取汇流路径，具体步骤如表 3.2 所示。

表 3.2　面—点汇流模式的汇流路径提取算法

算法描述：该算法实现了基于面—点汇流模式提取汇流路径
算法步骤： 步骤 1　初始化区域内所有的三角形顶点，统一标示各顶点的初始水量为 a。 步骤 2　遍历区域内每个三角形，将各三角形的水汇集到该三角形高程最低的顶点，即各最低点的标示水量为 $3a$，其余两个顶点的标示水量不变为 a；存储各三角形的最低点到链表 L 中，并按其高程由高到低排序。 步骤 3　取链表 L 中某三角形的最低点 P，搜索 TIN 网中点 P 的边邻接点。如果点 P 高程值低于边邻接点，则水量不流出；若点 P 的高程值高于其边邻接点，则取坡度最陡的边邻接点 S，将最低点 P 的水量流入点 S，即点 S 的水量增加点 P 的水量，点 P 的水量标示不变。标记点 P 和点 S 已被搜索过；取点 S 重复该步骤。 步骤 4　对链表 L 中所有未标记的点重复步骤 3，得到最终的各点汇流水量标示。 步骤 5　根据各点的汇流水量标示，取水量标示大于 a 的点，按边相邻关系，依水量标示由小到大追踪连接各点形成汇流路径。其中，水量标示越大表示越靠近汇流的终点，主汇流路径上的水量标示值大于支汇流路径上的水量标示值，局部水量标示最大点为局部洼地点。

根据面—点汇流模式的汇流路径，标示上游三角形，依据各三角形的汇流标示和最终汇流终点的标示，进行试验区域内的一级汇水单元的划分，相同汇流标示的三角形面片则形成同一个汇水单元。基于面—点汇流模式标示上游三角形的一级汇水单元的划分算法，具体算法步骤如表 3.3 所示。

表 3.3 面—点模式的一级汇水单元划分算法

算法描述：该算法实现了基于面—点汇流模式划分一级汇水单元	
算法步骤：	
步骤 1	计算区域内所有三角形的最低点，存入链表 Q 中，并初始标示各最低点的上游三角形。
步骤 2	如果链表 Q 非空，依次取链表 Q 中的最低点 P，如果点 P 未被标示搜索过，则转入步骤 3，否则取下一个；如果链表 Q 为空则退出。
步骤 3	搜索点 P 的边邻接点存入链表 N 中。
步骤 4	如果点 P 的高程值与链表 N 中点的高程值相比不是最低，转入步骤 5；否则转入步骤 7。
步骤 5	计算点 P 和链表 N 中各点的坡度值；取坡度最陡边对应的点 M 存入汇流路径链表 R 中，点 M 标示的上游三角形中增加点 P 标示的上游三角形，标示点 P 已被搜索过。
步骤 6	将点 M 赋给点 P，转入步骤 3。
步骤 7	记录该点为汇流终点(局部洼地点)，标示流入该点的上游三角形。
步骤 8	根据步骤 7 的标示，生成区域内的一级汇水单元。

汇水单元出水口是汇水单元的边缘点中高程值最低的点。根据三角形边的被拥有次数判定边缘边，取边缘边的顶点中高程最低点为出水口，汇水单元中高程值低于出水口的顶点称为低洼顶点，出水口判断的算法主要步骤如表 3.4 所示。

表 3.4 汇水单元的出水口判断算法

算法描述：该算法实现了汇水单元的出水口判断	
算法步骤：	
步骤 1	搜索汇水单元内的所有边，存入链表 C 中。
步骤 2	取链表 C 中的边，判断该边是否被汇水单元内的某三角形所拥有，记录其被拥有次数。
步骤 3	如果其被拥有的次数为 2，则该边为汇水单元的内部边；如果其被拥有的次数为 1，则标记该边为汇水单元的边缘边。
步骤 4	取边缘边上的点为边缘点，取边缘点中高程最低的点为出水口。

依据上文提取到汇水单元的出水口，根据汇水单元的出水口高程填平汇水单元内低洼顶点，然后基于面—点汇流模式标示上游三角形递归生成多级汇水单元，进而形成汇水的动态划分方法。基于汇水单元出水口高程填平低洼顶点的多级汇水单元划分方法，具体算法步骤如表 3.5 所示。

表 3.5　面—点模式的多级汇水单元划分算法

算法描述：该算法实现了面—点模式下的多级汇水单元划分算法
算法步骤：
步骤1　提取汇水单元的出水口。
步骤2　根据汇水单元的出水口高程填平汇水单元内的低洼顶点，使其略高于出水口高程。
步骤3　按照表3.3的汇水单元划分方法，生成该目标试验区的父级汇水单元。
步骤4　递归步骤1至步骤3，即可得到区域内的多级汇水单元。

需要说明的是：本算法中涉及高程值和坡度值的比较，在出现多点高程值相等或多边坡度值相等的情况时，可按照一定的规则进行排序(如按点号的ID大小)；在洼地填充的时候增加微小高程不影响真实的地形，只是便于后续的计算。下文给出具体算例，说明上述算法的应用实例。以图3.2所示某区域的CD-TIN网为例，具体算法步骤如下所述。

1. 基于三角形面片的水汇流到最低点后沿坡度最陡边汇流的面—点—边—点汇流模式的汇流路径计算步骤

(1)初始化区域内 A 到 P 点，统一标示各点水量为 a，故各三角形的初始水量标示为 $3a$。

(2)遍历区域内每个三角形，将各三角形的标示水量汇集到该三角形高程最低的顶点，如图3.3(a)所示，点 D 为 $\triangle BDC$、$\triangle CDK$、$\triangle KDE$、$\triangle EDB$ 的最低顶点，故其标示水量为 $12a$，同理可得其他最低顶点 F、H、I、J、M 的标示水量分别为 $15a$、$3a$、$3a$、$18a$、$6a$，其余顶点的标示水量不变(为 a)；将点 D、F、H、I、J、M 存入链表 L 中，并按照高程高低排序为 M、I、H、J、F、D。本例中点 F、D 的高程相同，按上文进一步说明，取点号ID较大点 F 排序在前；反之亦可。

(3)先取链表 L 中三角形最低点 M，搜索TIN网中其边邻接点 I、J、L、P、N，点 I、J 高程值均低于点 M，但边 MJ 的坡度最陡，故将点 M 的标示水量(为 $6a$)流入 J。点 J 的标示水量增加 $6a$(变为 $24a$)，点 M 的标示水量不变。标记点 M、J 已被搜索过。

(4) 依次取链表 L 中三角形最低点 I，搜索其边邻接点 G、H、J、M、N，点 G、H、J 高程均低于点 I，但边 IJ 的坡度最陡，故将 I 的标示水量(为 $3a$) 流入 J。J 的标示水量增加 $3a$(变为 $27a$)，点 I 的标示水量不变(为 $3a$)。标记点 I 已被搜索过。

(5) 依次取链表 L 中三角形最低点 H，搜索其边邻接点 E、F、G、I、J，点 F、J 高程均低于点 H，但边 HF 的坡度最陡，故将 H 的标示水量(为 $3a$) 流入点 F。点 F 的标示水量增加 $3a$(变为 $18a$)，点 H 的标示水量不变(为 $3a$)。标记点 F、H 已被搜索过。

(6) 依次取链表 L 中三角形的最低点 J，已标记，跳过。

(7) 依次取链表 L 中三角形的最低点 F,已标记,跳过。

(8) 依次取链表 L 中三角形的最低点 D,搜索其边邻接点 B、C、E、K,其高程均高于 D 点,D 点水不流出,标记点 D 已被搜索过。

(9)最终汇流各点的标示水量如图 3.3 所示,取水量标示大于 a 的点,按边相邻关系,依水量标示由小到大连接各点形成三条汇流路径:$H\rightarrow F$、$I\rightarrow J$、$M\rightarrow J$。三个局部洼地点:点 D(标示水量为 $12a$)、点 F(标示水量为 $18a$) 和点 J(标示水量为 $27a$)。

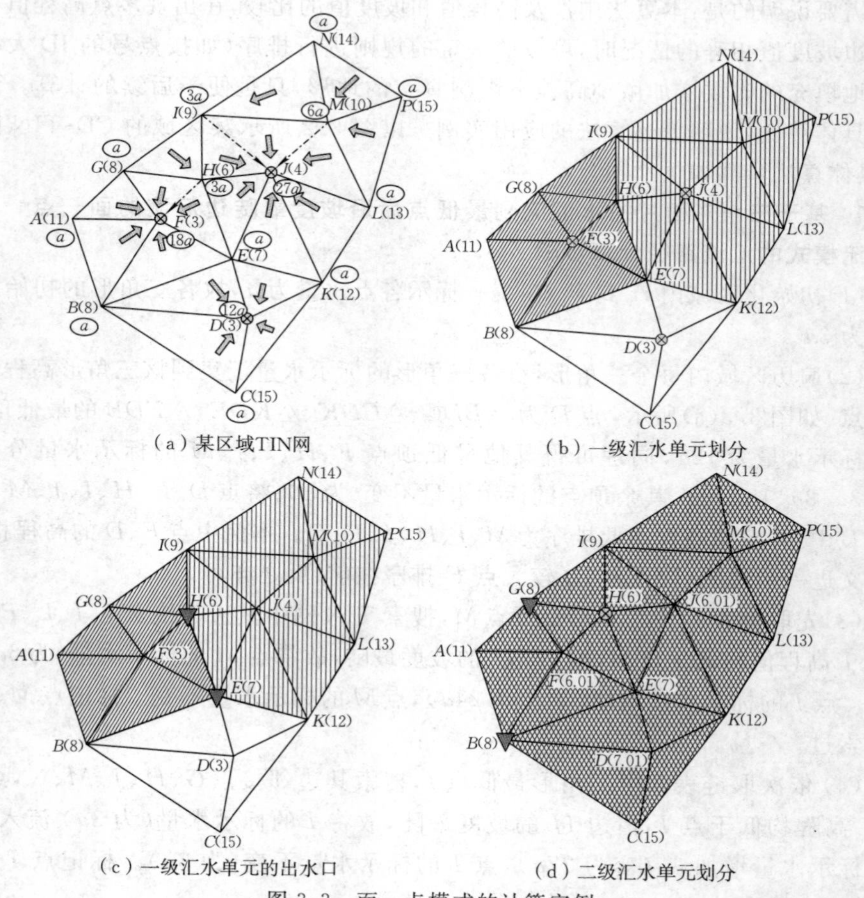

(a) 某区域TIN网　(b) 一级汇水单元划分

(c) 一级汇水单元的出水口　(d) 二级汇水单元划分

图 3.3　面一点模式的计算实例

需要对图 3.3 补充说明的是:该图为某区域的 TIN 网示意图。图 3.3(a)中字母表示地表点;括号内的数字标示高程值;⟹标示三角形的水量流入到最低点;--→标示汇流路径;⊗标示局部洼地点;ⓐ标示该点的水量;图 3.3(b)为一级汇水单元划分示意图,不同符号标示了不同的汇水单元:▥标示汇水单元 J,▨标示汇水单元 F,□标示汇水单元 D;图 3.3(c)为一级汇水单元的出水口示意图，▼标示汇水单元的出水口；图 3.3(d)为二级汇水单元划分示意图，不同符号标示了不同的汇水单元：▒标示汇水单元 H，⊗标示局部洼地点，▼标示汇水单元的出水口。

2. 基于面—点汇流模式标示上游三角形的一级汇水单元的划分步骤

(1) 计算区域内所有三角形的最低点 D、F、H、I、J、M，存入链表 Q 中；并初始标示各最低点的上游三角形：点 D 的上游三角形为 △BDC、△CDK、△KDE、△EDB，点 F 的上游三角形为 △AFB、△BFE、△EFH、△HFG、△GFA，点 H 的上游三角形为 △GHI，点 I 的上游三角形为 △MIN，点 J 的上游三角形为 △EJK、△KJL、△LJM、△MJI、△IJH、△HJE，点 M 的上游三角形为 △LMP、△PMN。

(2) 先取链表 Q 中点 D，未被标示已搜索，搜索其邻域点 B、C、E、K 存入链表 N 中，该点的高程值最低为局部洼地点，标记该点已被搜索，标记上游三角形归属为汇水单元 D(为方便表示，以局部洼地点命名汇水单元)。

(3) 然后取链表 Q 中点 F，未被标示已搜索，搜索其邻域点 A、B、E、H、G 存入链表 N 中，点 F 的高程值最低为局部洼地点，标记该点已被搜索，标记上游三角形归属为汇水单元 F。

(4) 然后取链表 Q 中点 H，未被标示已搜索，搜索其邻域点 E、F、G、I、J，点 F、J 高程均低于点 H，但边 HF 坡度最陡，存储到流水路径中，点 F 标示的上游三角形中增加点 H 标示的上游三角形，标记点 H 已被搜索过；取点 F 重复上步骤，F 为局部洼地点，则标记上游三角形归属为汇水单元 F。

(5) 然后取链表 Q 中点 I，搜索邻域点 G、H、J、M、N，点 G、H、J 高程均低于点 I，但边 IJ 的坡度最陡，故标记点 I 已被搜索过，存储到流水路径中。取点 J 重复上一步骤，J 为局部洼地点，则标记上游三角形归属为汇水单元 J。

(6) 然后取点 J，已被搜索过，标记上游三角形归属为汇水单元 J。

(7) 然后取链表 Q 中点 M，搜索其邻域点 I、J、L、P、N，点 I、J 高程均低于点 M，但边 MJ 的坡度最陡，标记点 M 已被搜索过，存储到流水路径中，点 J 标示的上游三角形中增加点 M 标示的上游三角形，标记点 M 已被搜索过；取点 J 重复上步骤，J 为局部洼地点，则标记上游三角形归属为汇水单元 J。

(8)根据三角形的归属汇水单元标示不同，将三角形归属到不同的汇水单元中，生成的一级汇水单元效果如图 3.3(b)所示。

3. 汇水单元出水口的计算步骤

根据三角形边的被拥有次数来判定边缘边，提取边缘边的顶点中高程最低点即为出水口。以图 3.3(b)中的汇水单元 D 为例，该汇水单元出水口计算方法如下。

(1) 搜索汇水单元 D 内的所有边 BC、CD、BD、EK、ED、DK、CK、BE，存入链表 C 中。

(2) 取链表 C 中的边 BC，该边只被 △BCD 所拥有，被拥有次数为 1。

(3) 边 CK、BE、EK 情况同边 BC，被拥有次数为 1。

(4) 取链表 C 中的边 CD，该边被 $\triangle BCD$ 和 $\triangle CDK$ 所拥有，被拥有次数为 2。

(5) 边 CD、BD、ED、DK 情况同边 CD，被拥有次数为 2。

(6) 边 BC、CK、BE、EK 的被拥有次数为 1，则为汇水单元 D 的边缘边。

(7)取步骤(6)中边缘边上的顶点为边缘点，取边缘点中高程最低点 E 为出水口。

其余汇水单元出水口计算方法类似，生成结果如图 3.3(c)所示。点 E 为汇水单元 D 的出水口，点 H 为汇水单元 F 和汇水单元 J 的出水口。

4. 基于汇水单元出水口高程填平汇水单元内低洼顶点的多级汇水单元划分步骤

(1)根据表 3.3 中算法生成一级汇水单元，如图 3.3(b)所示。

(2)根据表 3.4 中算法计算的汇水单元出水口，如图 3.3(c)所示。

(3)将汇水单元 D 的出水口点 E 的高程加微小量 0.01(该微小量的取值只要不改变该区域的地形的整体结构即可，仅便于计算）赋给局部洼地点 D，汇水单元 F 的出水口点 H 的高程加微小量 0.01 赋给局部洼地点 F，汇水单元 J 的出水口点 H 的高程加微小量 0.01 赋给局部洼地点 J。

(4)仿照表 3.5 中算法，生成父级汇水单元，即二级汇水单元，如图 3.3(d)所示。

3.2.3 试验区应用与分析

1. 特殊地表试验

利用特殊地形验证本书提出的面—点汇流模式，基于斜平面地表、波形地表、双洼地地表，如图 3.4 所示，分别采用面—点汇流模式进行汇水单元划分，划分结果如图 3.5 所示。从认知的角度上看，本次试验采用的案例符合经验的划分结果。

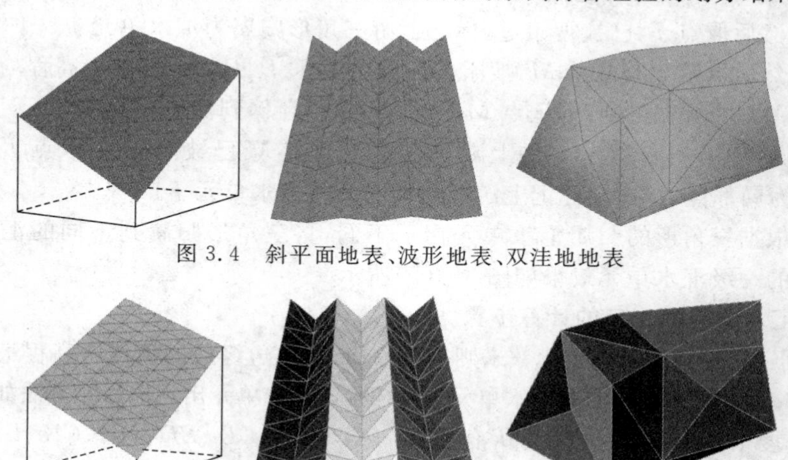

图 3.4 斜平面地表、波形地表、双洼地地表

图 3.5 特殊地形汇水单元划分结果

2. 面—点模式与 ArcHydro 结果对比

为对比验证面—点模式划分的汇水单元结果，选取某地形进行试验分析，如图3.6(a)所示。先选取某栅格表达的地表，采用 ArcHydro 划分城区汇水单元；为保持试验条件的一致性，将栅格地表转换为 CD-TIN 表达的城区地表，采用面—点模式划分汇水单元。通过对比发现(图3.6(b)与(c))：面—点模式划分结果和 ArcHydro 划分结果整体相似，并且能更真实、细致地描述和表达汇流方向和汇水单元边界的细节变化。此外，CD-TIN 方法能较好地从三维的角度划分汇水单元，基于拓扑关系的 CD-TIN 地表为后续产汇流建模和模拟计算提供便捷数据结构。

(a) CD-TIN构建的某地表　(b) 面—点模式划分的汇水单元　(c) 采用ArcHydro划分的汇水单元

图3.6　某局部地表的面—点模式汇水单元划分与 ArcHydro 对比

3. 试验区的汇水单元划分

选用上文的北京师范大学和北京石景山金安桥地区构建的精细城区地表，进行面—点汇流模式下的汇水单元划分，结果如图3.7所示，提取的汇水单元充分顾及了城区各 FCFs 特征的空间位置与几何形状，可较好地表达地表细节约束特征对汇流的影响效果。

(a) 北京师范大学

(b) 北京石景山金安桥地区

图3.7　面—点模式的汇水单元划分

3.3 基于面—边模式的城区汇水单元划分

3.3.1 定义与原理

为便于本章节的阐述，对相关术语定义如下：

面—边汇流模式(facet to edge confluence mode)：指三角形面片上的水沿着最陡方向(即梯度的反方向)汇流到对应的三角形边，然后沿着该边相邻接的下游边(或者是下游三角形面)继续汇流的模式。

分水边(di-fluent edge)：该边相邻接的左右三角形上的水均汇流出该边，如图 3.8(a)所示。

汇水边(co-fluent edge)：该边相邻接的左右三角形上的水均汇流至该边，如图 3.8(b)所示。

过水边(trans-fluent edge)：该边相邻接的左右三角形上的水一个汇流至该边、一个汇流出该边，如图 3.8(c)所示(本书定义边界边为过水边，并且规定水不向外流出)。

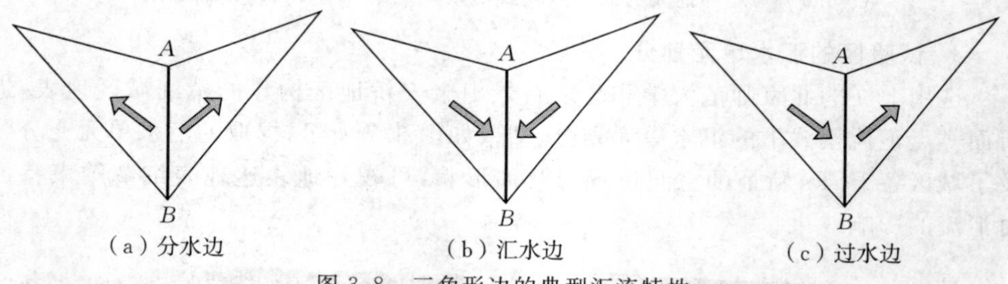

(a) 分水边　(b) 汇水边　(c) 过水边

图 3.8 三角形边的典型汇流特性

汇流边集：$\triangle ABC$ 面片上的水沿着其梯度 $\vec{D}$ 的反方向 $\vec{S}$ 汇流到边 AB，如图 3.9 所示(向上箭头标示梯度方向，向下箭头标示水流方向)(Frank et al.，1986；刘学军 等，2008)，设面 ABC 的平面方程为式(3.1) 所示，则水流方向如式(3.2) 所示。取判别式 m 如式(3.3) 所示，则各汇流边集的数学表达式如式(3.4) 所示(m_L 表示左三角形上的 m 值，m_R 表示右三角形上的 m 值)。

$$f(x, y, z) = ax + by + cz + d = 0 \tag{3.1}$$

$$\vec{S} = -\frac{\partial f}{\partial x}\mathrm{i} - \frac{\partial f}{\partial y}\mathrm{j} - \frac{\partial f}{\partial z}\mathrm{k} = -a\mathrm{i} - b\mathrm{j} - c\mathrm{k} \tag{3.2}$$

$$m = \begin{vmatrix} x_A - x_B & \dfrac{a}{c} \\ y_A - y_B & \dfrac{b}{c} \end{vmatrix} \tag{3.3}$$

$$\left.\begin{array}{l}\text{分水边集 } R_e=\{re \mid \text{边 } re \text{ 的 } m_L>0, m_R>0\} \\ \text{汇水边集 } C_e=\{ce \mid \text{边 } ce \text{ 的 } m_L<0, m_R<0\} \\ \text{过水边集 } F_e=\{fe \mid \text{边 } fe \text{ 的 } m_L \cdot m_R<0\}\end{array}\right\} \tag{3.4}$$

3.3.2　算法设计与实例

1. 三角形各边汇流特性分析

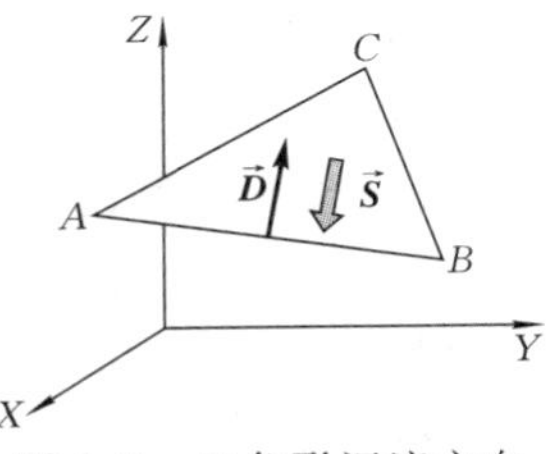

图 3.9　三角形汇流方向

汇流特性判断是后续汇流路径提取及汇水单元划分的基础。三角形各边的汇流特性可归为汇流边集中的某一类，对各约束特征汇流特性归类如下，如图 3.10 所示。

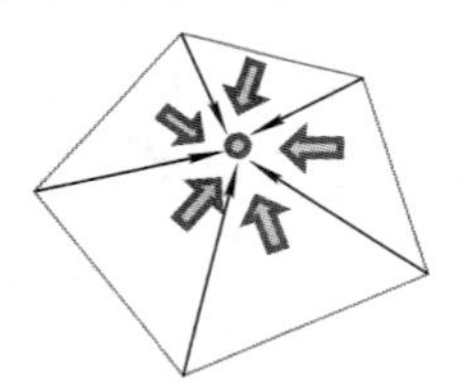

（a）普通雨水箅邻接边

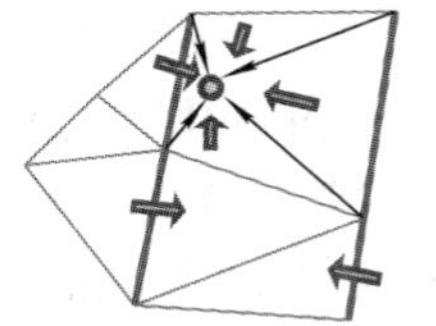

（b）街边雨水箅邻接边

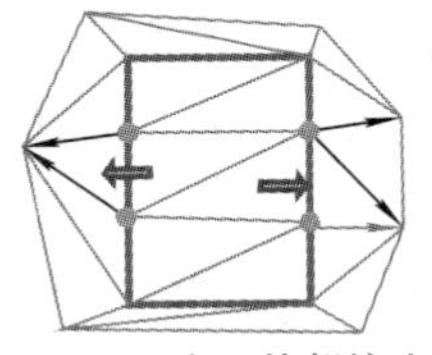

（c）下水立管邻接边

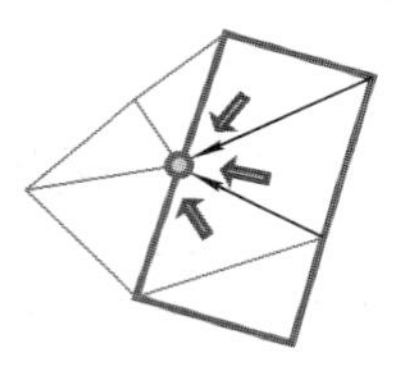

（d）封闭区域出水口边

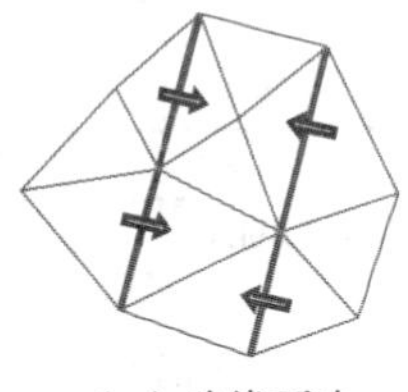

（e）路缘石边

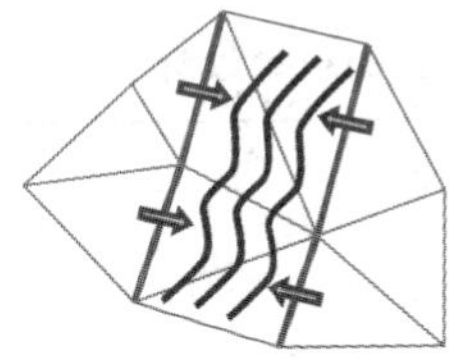

（f）河流边界

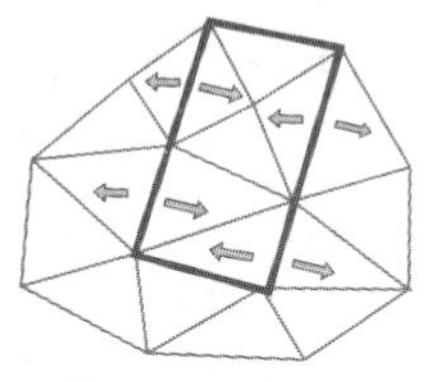

（g）围墙等不透水墙

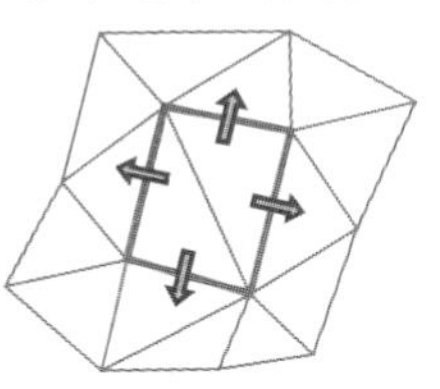

（h）建筑物边界

图 3.10　各约束特征的汇流特性分析建模

1)约束点集

(1)雨水箅：城市雨洪积水主要依赖雨水箅排入地下排水系统，雨水箅周围的水均流向该雨水箅，因此与雨水箅相邻接的边均可归类为汇水边。

(2)出水口点：封闭空间(如操场等)的水发生汇流时从出水口点出流出，该地表内部三角形的水流向出水口，并流向外部地表，故与出水口相连的边归类为汇水边(除去外围边界为分水边)。

(3)下水立管：对于含有下水立管且下水直接排放到地表的建筑物，其顶面的积水通过下水立管流向地表，故与下水立管连接的边归类为汇水边(除去外围边界为分水边)。

2)约束线集

(1)路缘石：道路的路缘石方向决定了城市地表水流的流向，故归类路缘石边为过水边，即水流沿着路缘石的上边沿流向下边沿。

(2)河流、排水渠：若城市地表含有河流、排水渠等水系设施，则地表周围的水流向该水域,其边界归类为过水边。

(3)围墙、隔离带:城市建(构)筑物众多,一般校区、小区等均有围墙等边界,该边界水流无法流过则归类为分水边。

3)约束面集

(1)建(构)筑物:城市建(构)筑物众多,而建(构)筑物边界明显影响汇流的方向,顾及该特征归类建(构)筑物边界为过水边,水均流向建(构)筑物外三角形。

(2)水塘、湖泊:其边界归类为过水边,水均汇流向该水域内部。

4)其余三角形边

均按照式(3.4)的汇流边集定义判断归类。

2. 汇流边数据结构设计

为便于后续算法的设计,对汇流边的数据结构进行定义。首先定义枚举类型标示四种不同的边类型(表3.6),然后对汇流过程中形成的不同汇流边类型进行数据结构定义:采用父类WaterEdge统一定义汇流边的特性,内部指针指向对应的三角形边;子类ChannelEdge、FlowEdge、RidgeEdge继承该父类,分别表示汇水边类、过水边类、分水边类。各汇流边数据结构如表3.7所示。

表3.6 汇流边类型的枚举设计

Enum WaterEdgeType	
NORMAL_EDGE	一般类型汇流边,即非约束特征边
CHANEL_EDGE	汇水边类型
FLOW_EDGE	过水边类型
RIDGE_EDGE	分水边类型

表3.7 各汇流边数据结构

Class WaterEdge		
数据成员	long wEdgeID	汇流边的唯一标示
	WaterEdgeType waterEgType	标示该汇流边的汇流类型
成员函数	Edge* edge	指向对应的CD-TIN网中三角形边
	Void CalculateLeftM()	计算左侧三角形面上的M值
	Void CalculateRightM()	计算右侧三角形面上的M值
Class ChannelEdge: public WaterEdge		
	long cEdgeID	汇水边的唯一标示
	ChannelEdge* upChnlEdge	上游汇水边指针
	ChannelEdge* downChnlEdge	下游汇水边指针
	Triangle* leftTri	流入该边的左三角形
	Triangle* rightTri	流入该边的右三角形
	Point* finalPit	该汇水边流向的汇流洼地点
	int flagBasin	标示所处的汇水单元

续表

Class FlowEdge: public WaterEdge		
	long fEdgeID	过水边的唯一标示
	Triangle* flowToTri	汇流过程水流向的三角形,即下游三角形
	Triangle* flowFromTri	汇流过程水流出的三角形,即上游三角形
	Point* finalPit	该过水边流向的汇流洼地点
Class RidgeEdge: public WaterEdge		
	long rEdgeID	分水边的唯一标示
	RidgeEdge* upRgeEdge	分水边的上游分水边
	RidgeEdge* downRgeEdge	分水边的下游分水边

3. 汇流路径提取方法

城市汇流路径的提取是城市汇水单元划分的基础,在汇水边集中依照各汇流边的坡度,取高程较低的顶点进行下游汇水边的追踪,直至汇流的终点(洼地点)。具体算法步骤如表 3.8 所示。

表 3.8　面—边模式下的汇流路径提取算法

算法描述:该算法实现了基于面—边汇流模式提取汇流路径	
算法步骤:	
步骤 1	从汇水边集 C_e 中依次取出汇水边 e,初始化其上下游边为“NULL”,转入步骤 2。
步骤 2	查询边 e 的上游点(即高程较高的顶点记为 A,此外一顶点记为 B),如果点 B 边邻接的邻域顶点均比 B 高程高,则 B 为汇流洼地点,标记边 e 的洼地点为 B。
步骤 3	检索点 A 邻接的边(除去 e 边)并存入链表 N 中,如果 N 为空,则转入步骤 6;否则依次取出边 n,判断边 n 的汇流特性;如果边 n 为汇水边,则转入步骤 4;如果边 n 为过水边且不为边界边,则转入步骤 5;如果边 n 为边界边,则从链表 N 中取下一条边重复此步骤。
步骤 4	标示边 n 的下游边为 e,e 的上游边为 n,并赋值边 n 的汇流洼地点为边 e 的最终洼地点;赋值边 n 的左右三角形的汇流洼地点为边 n 的汇流洼地点。
步骤 5	判断边 n 的左右三角形的汇流关系,赋值流出三角形(即过水边 n 的上游三角形)的汇流洼地点为流入三角形(即过水边 n 的下游三角形)的汇流洼地点。
步骤 6	取汇水边集 C_e 中下一条边,重复步骤步骤 1 至步骤 5,直到 C 中汇水边遍历完毕。
步骤 7	依照汇水边集 C_e 中各边的上下游关系,从上游为 NULL 的边依次追踪至下游边,直至较低顶点为洼地点的下游边,即可提取出各汇流路径。

以图 3.11 所示为例,D 为局部洼地点,AB、BD、DE 为汇水边均流向点 D。以汇水边 BD 为例说明其对应的三角形边为 BD、上游汇水边为 AB、下游汇水边为 DE;以过水边 BO 为例说明其对应的三角形边为 BO,流入该边的三角形为 BOC、流出三角形为 BOD;以分水边 BC 为例说明其对应三角形边为 BC,其分开 $\triangle ABC$ 和 $\triangle BOC$ 上水的流向。其余边为边界边。

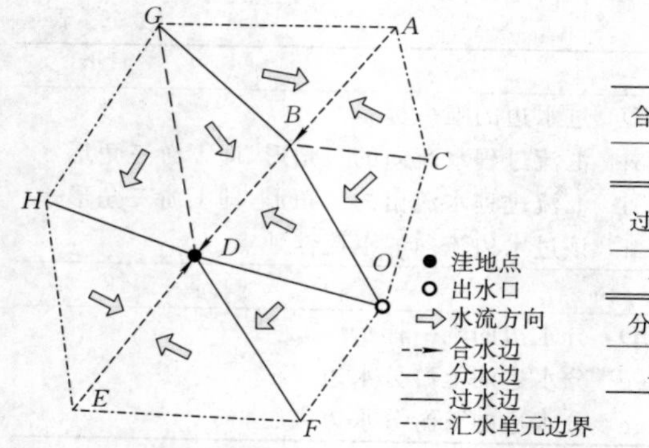

合水边	Edge*	Upstream Co-fluent Edge*	Downstream Co-fluent Edge*
BD	*BD*	*AB*	*DE*
过水边	Edge*	FlowIn Triangle*	FlowOut Triangle*
BO	*BO*	△*BOC*	△*BOD*
分水边	Edge*		
BC	*BC*		

图 3.11 面—边模式下的汇流路径提取示例

4. 汇水单元划分方法

依据面—边模式下的汇流路径提取算法，对各三角形的汇流终点（即洼地点）赋不同的值，依据赋值的不同进而划分不同的城市汇水单元，具体算法步骤如表 3.9 所示。

表 3.9 面—边模式下的汇水单元划分算法

算法描述：该算法实现了基于面—边汇流模式下汇水单元的划分

算法步骤：

步骤 1 标示各过水边汇流洼地点：

步骤 1.1 遍历过水边集 F_e，依次取过水边 f 转入步骤 1.2。

步骤 1.2 搜索边 f 的下游边 g，存储边 g 至临时边集 T 中，直到 g 为汇水边。

步骤 1.3 依次从集 T 中取出各边，赋值各边的左右三角形的汇流洼地点为汇水边的汇流洼地点。

步骤 1.4 如果集 F_e 不为空，转入步骤 1.1，否则转入步骤 1.2。

步骤 2 遍历所有三角形，依据各三角形的汇流洼地点的不同而生成不同的汇水单元。

其中，过水边的下游边查询分以下三种情况（图 3.12）：以过水边 AB 为例，其下游边分别为 BC、AC、AC 和 BC，故其下游三角形为边 BC 的左三角形、边 AC 的右三角形、边 AC 的右三角形和边 BC 的左三角形。

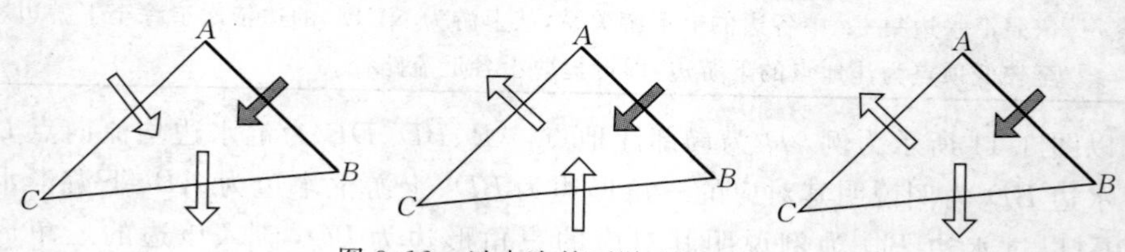

图 3.12 过水边的下游边汇流情况

对于含有排水立管的建筑物（图 3.13(a)），由于排水立管对地面汇流存在一定的影响，故应对其进行单独建模，CD-TIN 建模如图 3.13(b)所示。

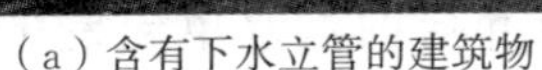
（a）含有下水立管的建筑物

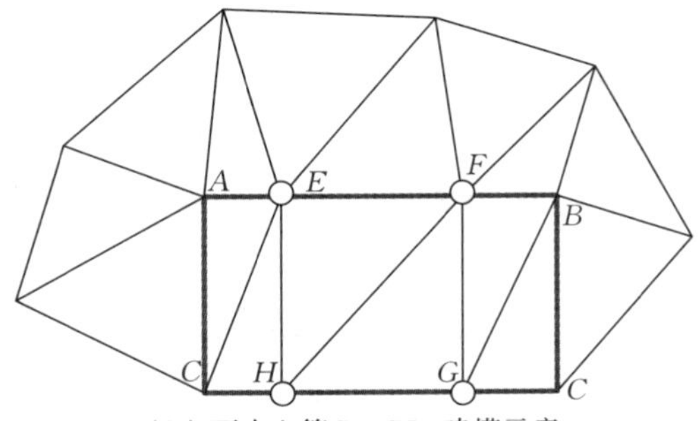

（b）下水立管CD-TIN建模示意

图 3.13　含有下水立管的建筑物及其地表建模示意

基于下水立管的 CD-TIN 重建及其汇水单元划分算法，如表 3.10 所示。

表 3.10　基于下水立管的地表重构和汇水单元划分算法

算法描述：该算法实现了基于下水立管的 CD-TIN 重建及其汇水单元划分算法
算法步骤：
步骤 1　标示含下水立管建筑物对应的三角形 T，存入链表 D 中，从三角形链表中删除。
步骤 2　依次判断链表 D 中的各三角形的边是否为建筑物边，如果是建筑物边，则存储到链表 B 中，否则继续。
步骤 3　判断排水立管位于链表 B 中的哪条建筑物边上，查找同一建筑物上的排水立管点，依次按照顺序连接，形成三角网。
步骤 4　按照建筑物汇流方法，进行三角形的汇流，从下水管流入到地面三角形中。
步骤 5　按照地面三角形的终流点的汇水单元标示建筑物上的三角形。
步骤 6　根据地面上的三角形标示和建筑物的三角形标示进行汇水单元的最终划分。

5. 城市汇水单元动态更新

本书中的汇水边、分水边、过水边不是恒定不变的，当积水淹没各约束特征后，其汇水特征发生变化。如当路缘石被水淹没以后其汇流特征从过水边变为普通边，当陡坎被积水淹没以后其汇流特征从分水边变为普通边，即被积水淹没的三角形边汇流属性均改变为普通边。具体算法步骤如表 3.11 所示。

表 3.11　汇水单元动态更新算法

算法描述：该算法实现了汇水单元的动态划分算法
算法步骤：
步骤 1　根据地表高程和各约束特征属性判断各边的汇流特性。
步骤 2　依据汇水边的汇流特征划分初始汇水单元。
步骤 3　判断各约束边是否被积水淹没，如果被积水淹没则标记为普通边，并更新其高程为水位的高程；如果没有淹没则按照其属性进行汇流特征判断。
步骤 4　依据各边的最终汇流特征，进行汇流分析生成新的汇水单元。

随着汇水单元内的积水的增加，积水水位不断上升，当积水位到达汇水单元的

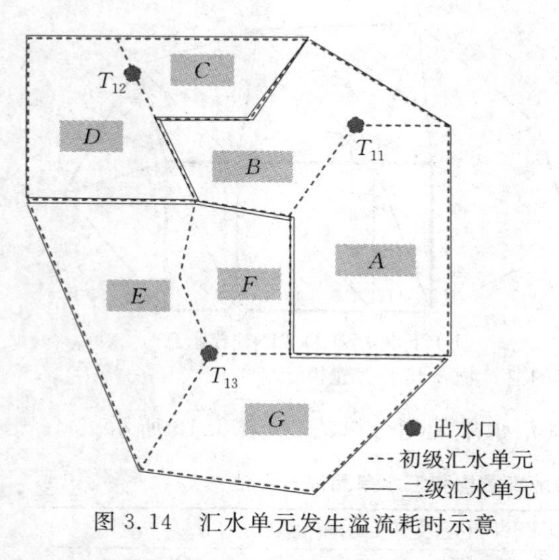

图 3.14　汇水单元发生溢流耗时示意

出水口时，积水向外溢流，即积水汇流至邻域汇水单元。如图 3.14 所示的 7 个汇水单元（$A \sim G$），A-B、C-D、E-F-G 发生溢流的时间为 T_{11}、T_{12}、T_{13}，即 A、B 合并记为汇水单元 T_{11}，C、D 合并记为汇水单元 T_{12}，E、F、G 合并记为汇水单元 T_{13}。随着积水的累积，合并后的汇水单元发生溢流继续合并，T_{11} 和 T_{12} 在 T_{21} 时间合并，其余汇水单元依次类推。如此，便可形成如图 3.15 所示的发生溢流情况下的汇水单元树。基于该树的汇水单元合并，首先依据拓扑结构删除公共边界，将汇水单元内的三角形集进行合并形成新的合并后的汇水单元；然后更新邻域汇水单元间的拓扑结构；最后根据溢流时间 T_{ij} 的大小对此树的各节点进行排序。基于此树便可实现汇水单元的动态更新。

假定发生内涝淹没的 t 时刻，有 $T_{11} < T_{12} < t < T_{13} < T_{21}$ 则实际参与模拟的汇水单元为五个，即 T_{11}、T_{12}、E、F、G。其中汇水单元 T_{11} 内的积水量需要合并 A、B 内的积水量，且淹没水位需统一为同一水面，具体计算参考下文三棱柱的二分数值求解水面算法。下一时刻($t+1$) 的内涝淹没场景，只需依照汇水单元树计算改变的汇水单元的积水量和淹没水面，未发生改变的汇水单元只需计算增量即可。

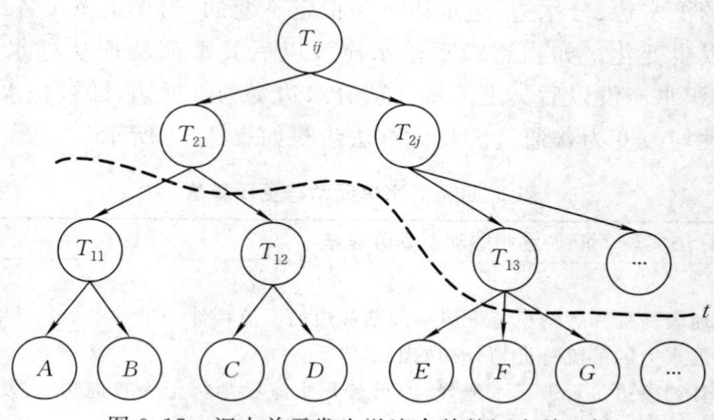

图 3.15　汇水单元发生溢流合并的汇水单元树

3.4 北京市试验区汇水单元划分

3.4.1 特殊城区地表试验与分析

1. 特殊形状的城区地表试验

为验证本章提出的面—边模式下的汇流路径提取和汇水单元的划分，采用如图3.16所示的四种特殊地表进行试验：类流域地表、类双碗地表、波形地表、斜平面地表(图3.16(a)～(d)，其中括号里标示了该点的相对高程值)。以类流域地表(图3.16(a))为算例予以说明。

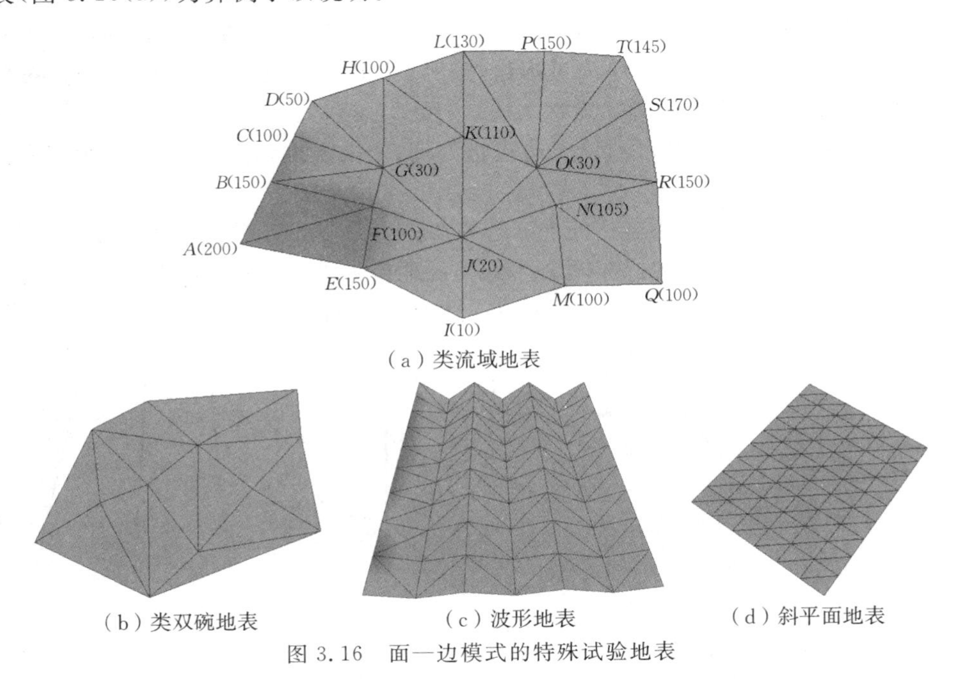

(a) 类流域地表

(b) 类双碗地表　(c) 波形地表　(d) 斜平面地表

图3.16 面—边模式的特殊试验地表

1) 各边汇流特性判断

判断各边的汇流特性。以边DG为例，计算$\triangle DGH$的$m_L=-119<0$、$\triangle DGC$的$m_R=-71<0$，因此DG边为汇水边。重复该步骤，依次计算得到边DG、BG、GJ、JI、LO、TO、RO、OJ为汇水边并存入链表C中，其余三角形各边为过水边并存入链表F中。

2) 汇流路径提取

(1) 从汇水边集C中依次取出汇水边DG，初始化其上下游边为“NULL”，转到(2)。

(2)查询边 DG 的上游点(即高程较高的顶点 D)。

(3)检索点 D 的除 DG 外的邻接边 CD、HD,并存入链表 N 中,依次判断 CD、HD 均为边界边(过水边),则取 BG 进行计算。

(4)查询边 BG 的上游点 B,检索点 B 的除 BG 外的邻接边 BC、BF,存入链表 N 中,判断 BC 为边界边,则取 BF 判断为过水边,其左右三角为 $\triangle BFG$ 和 $\triangle BFA$,且 $m_L=50.02$、$m_R=-68.62$,因此 $\triangle BFA$ 上的水流向 $\triangle BFG$,将 $\triangle BFG$ 的汇流洼地点赋给 $\triangle BFA$。

(5)取下一汇水边 GJ 进行计算,查询其上游点为 G。

(6)检索点 G 的除 GJ 外的邻接边 BG、CG、DG、HG、KG、FG,并存入链表 N 中,依次判断 BG 为汇水边,则标示 GJ 的上游边为 BG,BG 的下游边为 GJ,且 BG 的汇流洼地点赋值为 GJ 的汇流洼地点,同时边 BG 的左右三角形的汇流洼地点赋值为 BG 的汇流洼地点;取 CG 为过水边,按照 BF 边进行处理;DG 为汇水边,按照 BG 边进行处理;HG、KG、FG 为过水边,按照 BF 边进行处理。

(7)取下一汇水边 JI,按照 GJ 边进行处理;依次类推,处理合水集 C 中所有汇水边。

(8)依照汇水边集 C 中各边的上下游关系,从上游为"NULL"的边依次追踪至下游边,直至较低顶点为洼地点的下游边,即可提取出各汇流路径,如图 3.17(a)所示,图 3.17(b)(c)分别对应图 3.16 中(b)和(c)试验区提取出的汇流路径。

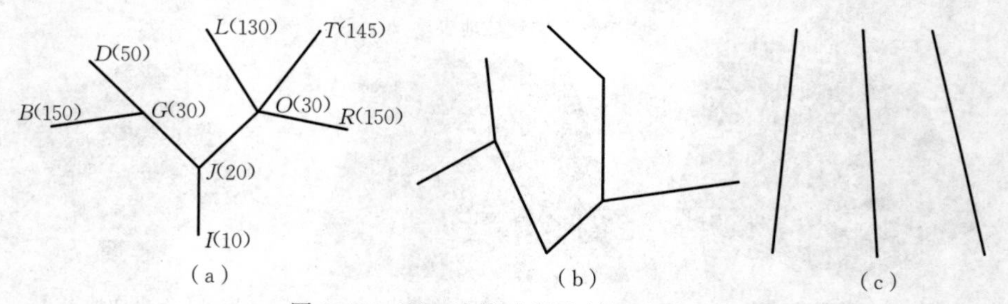

图 3.17 面—边模式提取的汇流路径

3)汇水单元划分

(1) 遍历过水边集 F,取过水边 AB 为例予以说明。

(2) 搜索边 AB 的下游边 BF,BF 下游边为 GF,GF 下游边为 GJ,GJ 为汇水边,则停止搜索,并存储以上各下游边至链表 T 中。

(3)遍历 T 中各边,以 BF 边为例,赋值其左右三角形 $\triangle BFA$、$\triangle BFG$ 的汇流洼地点为此次汇流终止边 GJ 边的汇流洼地点。

(4)所有过水边均重复上述步骤,直至其汇流洼地点标示完毕。

(5)遍历所有三角形,依据各三角形的汇流洼地点的不同而生成不同的汇水单元,该地形的汇流洼地点均为 I 点,生成的汇水单元如图 3.18(a)所示。

其余类双碗地表、波形地表、斜平面地表依照上述步骤可提取汇流路径(图3.18(b)～(d),图3.18(d)无汇水边,故无法提取汇流路径),划分汇水单元,如图3.18中(a)～(d)所示,其中粗线标示了汇水单元的边界,通过对比验证了本算法对特定城区地表提取汇流路径和划分汇水单元的实用性及正确性。

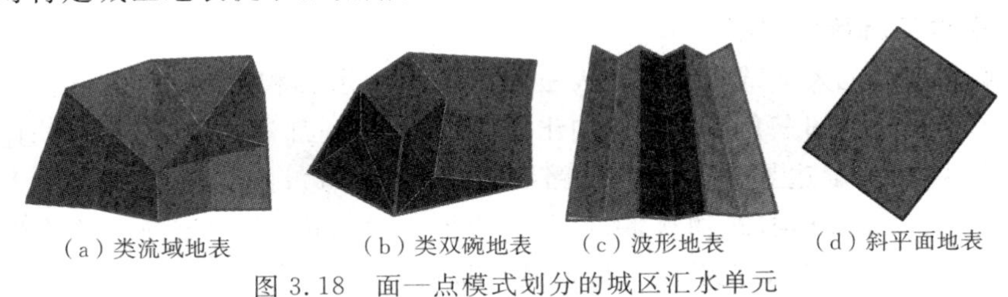

(a)类流域地表　(b)类双碗地表　(c)波形地表　(d)斜平面地表

图3.18　面—点模式划分的城区汇水单元

2. 各类型约束特征的城区地表试验

面—边模式能较好地顾及城区各约束特征,在典型城区进行重点试验与分析。选取含有各约束特征的部分典型城区地表,对各关键约束特征进行分析:雨水箅地表、含出水口操场、带约束围墙地表、含路缘石地表、含建筑物地表,分别可归类为约束点、约束线和约束面特征地表。如图3.19所示(彩图见书后插页),其中蓝色粗线为提取的汇流路径,不同颜色标示了不同的汇水单元:图3.19(a)为雨水箅影响的地表,划分为一个汇水单元;图3.19(b)为含出水口的操场示意图,由于出水口的影响,使该地表被划分为两个汇水单元;图3.19(c)为围墙将该地表划分为两个汇水单元;图3.19(d)为含雨水箅和路缘石约束特征的汇水单元划分;图3.19(e)为含有下水立管的建筑物对城区汇水单元划分结果;图3.19(f)为仅建筑物对城区汇水单元划分影响的结果,无下水立管的影响。

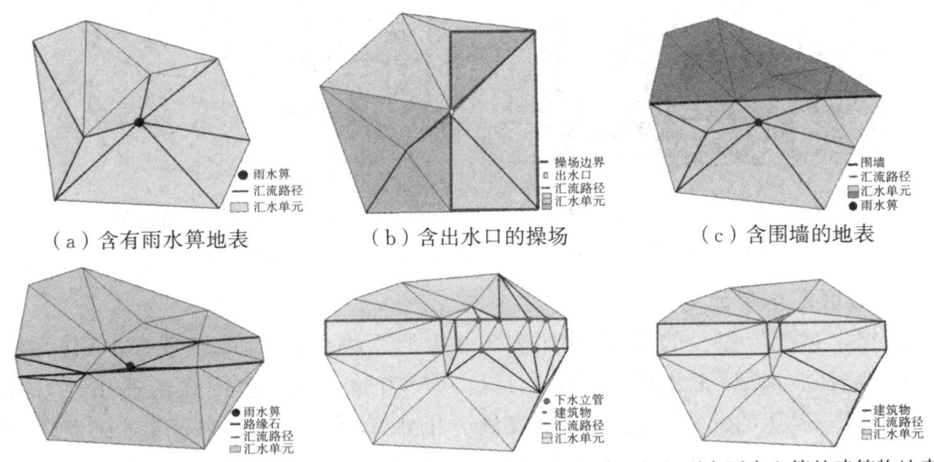

(a)含有雨水箅地表　(b)含出水口的操场　(c)含围墙的地表

(d)含有路缘石和雨水箅地表　(e)含有下水立管的建筑物地表　(f)不含下水立管的建筑物地表

图3.19　顾及典型约束特征的城区汇水单元划分结果

3.4.2 试验区案例分析

以北京师范大学校园构建的精细城区地表为试验区，采用面—边汇流模式进行城区汇流路径和城区汇水单元的划分。具体计算步骤如下。

1. 各边汇流特性判断

判断北京师范大学试验区的地表三角形边与雨水箅相邻接的边为汇水边；操场等封闭空间内部的三角形的水流向出水口，并流向外部地表，与出水口相连的边为汇水边(除去外围边界为分水边)；路缘石边为过水边；围墙边界则定义为分水边；北京师范大学建(构)筑物众多，定义其边界为过水边，水均流向建筑物外三角形；其余三角形边按照上文汇流边集定义判断归类。

2. 城区汇流路径提取

依据上述各边的汇流特性分类，依照表 3.8 的算法流程，提取基于 CD-TIN 表达的城区地形提取汇流路径效果((图 3.20(a))。为验证面—边模式的适用性，同时以基于 TIN 表达的北京师范大学地表提取汇流路径效果(图 3.20(b))，对比发现：基于 CD-TIN 的地形能够充分表达城区地形特征，顾及约束特征的汇流路径提取较为合理，该结论可从城区暴雨内涝的“道路成河”予以验证。

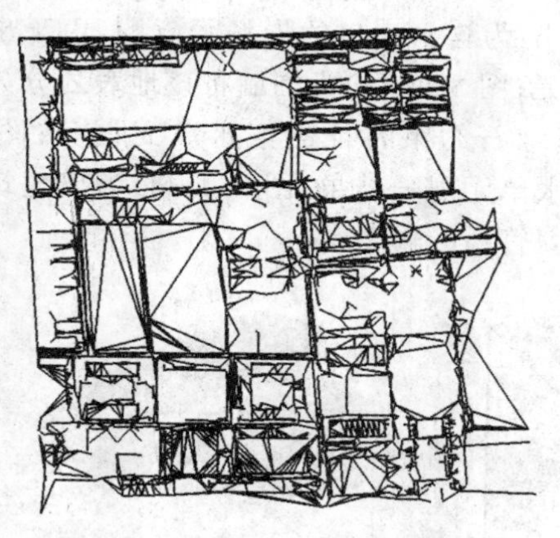

(a) CD-TIN地表提取的汇流路径　　(b) D-TIN地表提取的汇流路径

图 3.20　面—边模式下北京师范大学校园汇流路径提取

3. 城区汇水单元划分

依据上述汇流路径的提取，按照表 3.9 中的算法步骤，提取基于 CD-TIN 表达的城区地表划分城区汇水单元(图 3.21(a))。为验证面—边模式的适用性，同时以基于 TIN 表达的北京师范大学地表划分汇水单元(图 3.21(b))，对比发现：顾及约束特征划分汇水单元更为合理，可充分顾及到各约束特征的形状，如操场边界、建筑物边界等。

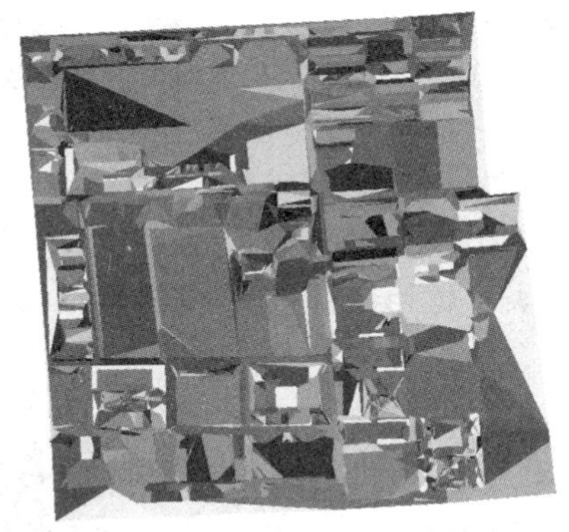

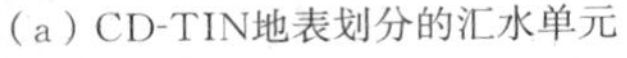

(a) CD-TIN地表划分的汇水单元　　(b) D-TIN地表划分的汇水单元

图 3.21　面—边模式下北京师范大学校园汇水单元划分

4. 试验结果分析

从具体场景上分析，选取试验区内的两块场景进行分析：如图 3.22 所示，北京师范大学东西操场和四合院区域（含东、西、南、北四栋建筑和中间公园）。图 3.22(a)中 A 为东西操场间的道路，B 为西操场的北出口，C 为东操场的北出口，D 为西操场的东出口，E 为东操场的西出口，F 为该区域的遥感影像；与实地照片对比发现，A 为汇流路径，B、C、D、E 为邻域汇水单元间汇流的出口，与实际相符。图 3.22(b)中，四合院对区域内涝汇流影响很大，A 为该区域的遥感影像，B 为中间的公园，C、D、E、F 分别为四合院的东南西北楼，水流基本沿建筑脚部进行汇流，并且汇水单元形状与区域各特征分布吻合。本书提取的汇流路径及其城区划分结果较好地刻画了真实地表的情况，更为合理真实。

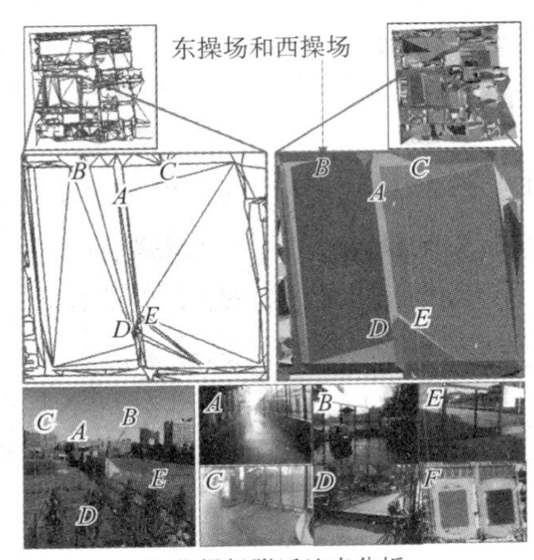

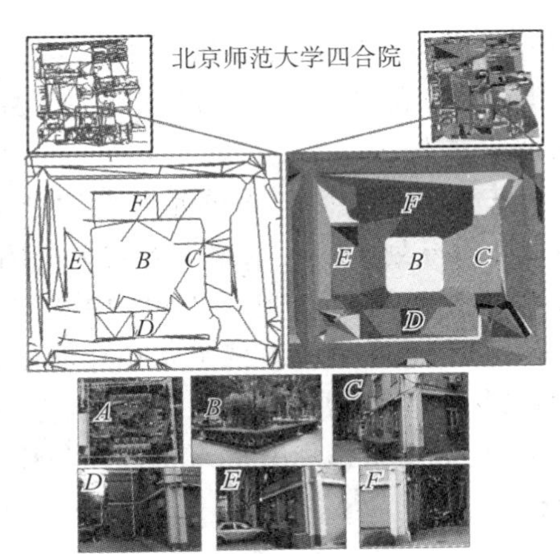

(a) 操场附近地表分析　　(b) 四合院建筑地表分析

图 3.22　北京师范大学校园典型地表细节与约束特征分析

为进一步从定量的角度分析，本书采用栅格组织下的北京师范大学校园地表，利用 ArcHydro 提取了汇流路径并划分了汇水单元(图 3.23)，并引入定量化的相似度指标 δ 来衡量汇流路径提取结果。

$$\delta = \frac{F_g \cap F_c}{F_g} \tag{3.5}$$

式中，δ 为相似性系数，取值为[0,1]，值越大表示越相似；F_g 为 ArcHydro 提取的汇流路径；F_c 为本书提取的汇流路径。

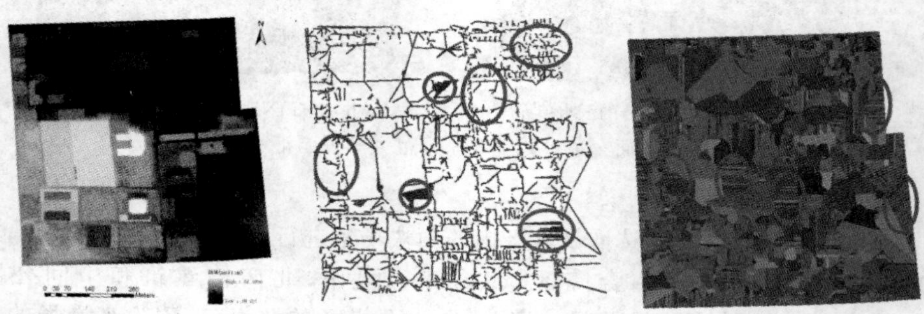

(a) 基于栅格的北京师范大学地表 (b) 采用ArcHydro提取汇流路径 (c) 汇水单元

图 3.23　基于栅格地表的北京师范大学校汇流路径和汇水单元(彩图见书后插页)

通过对比 ArcHydro 提取结果和本书提取结果(图 3.24)，北京师范大学试验区计算 δ 为 0.27。两种结果虽在主体趋势上相似，但在具体细节上差距较大，分析主要差距可概况如下：①本书提取的汇流路径较 ArcHydro 提取的结果更为连续，并且能更为真实地刻画城区连续汇流路径，如图 3.23(b)中红圈所示；②基于 ArcHydro 提取的汇流路径不能精细地描述部分地表，尤其是建筑物和围墙周围且不能描述建筑上下水立管的影响作用；③如图 3.23(b)中绿圈所示，由于栅格表达平坦地表的局限性，ArcHydro 提取的结果中存在大量的平行状和羽状水系。

对于划分的城区汇水单元而言，对比图 3.21(a)和图 3.23(c)发现，本书方法与 ArcHydro 划分的汇水单元有较大的区别：①ArcHydro 划分的结果含有较多的离散平行状汇水单元(图 3.23(b)中红圈所示)，对其进行产汇流计算和建模较为困难和烦琐；②本书提取的汇水单元能够较为合理地顾及各约束特征的形状和属性，如操场和建筑物边界特征；③本章方法采用全拓扑模式组织邻域汇水单元之间的关系，在本书后续章节的水文建模与模拟中便于不同汇水单元之间的汇流计算和建模。

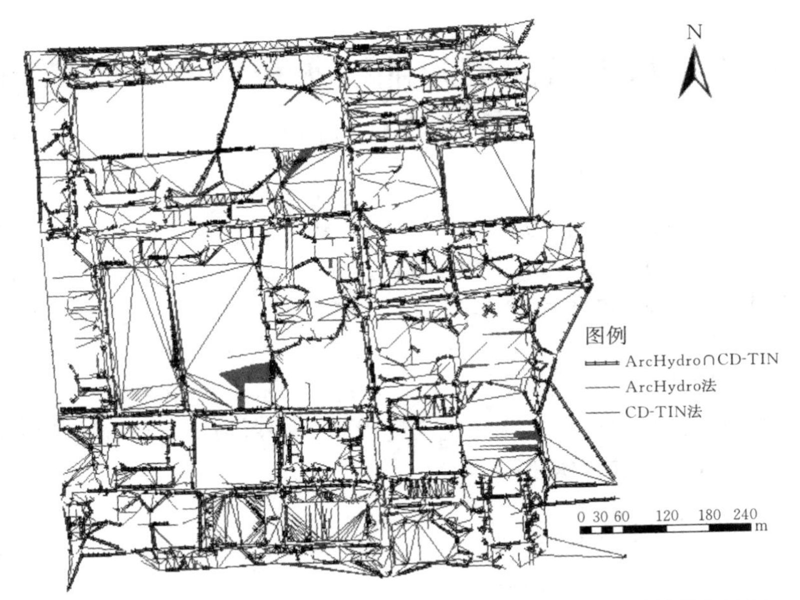

图 3.24　北京师范大学校园面—边汇流路径与 ArcHydro 提取结果对比

第4章　基于时间切片的汇水单元产汇流模型及淹没分析方法

城区暴雨内涝淹没过程为典型时空过程，是由一系列沿时间维度的时空现象变化的过程(Ahmad et al.,2012; Zevenbergen et al.,2008)。序列快照模型是将一系列的时间片段的快照存储起来，用于记录地理时空现象的变化过程(Liu et al.,2010; Peuquet et al.,1995; Raafat et al.,1994)，如图4.1所示，记录了S现象在时间维度T下的场景集$I=\{I_0,I_1,\cdots,I_i,\cdots\}$。本章采用地理信息系统时空模型中的序列快照模型将连续的淹没过程划分为离散的时间切片，进而对各时间切片下的淹没场景进行模拟。

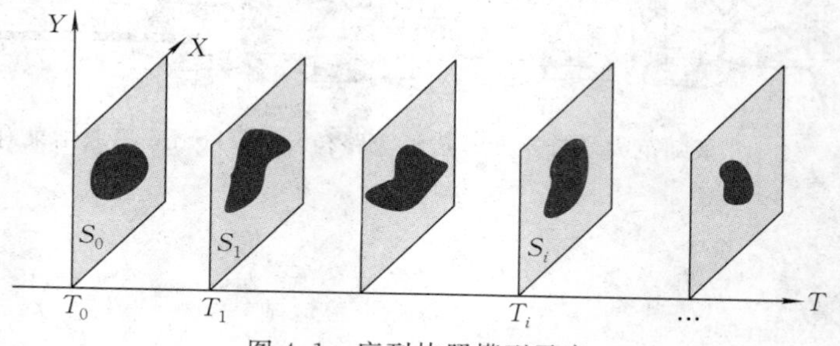

图4.1　序列快照模型示意

依据水量平衡原理(Chen et al.,2009; 王林 等,2004)，在指定时间切片下汇水单元内降水、产流、汇流达到水量平衡。汇水单元内的净产流量为汇水单元内的产流量与其向邻域汇水单元的汇流量之差。单个汇水单元内的产流量为降水量与下渗量、排水量之差。邻域汇水单元间的汇流量则依据水位是否到达汇水单元的出水口及其相邻汇水单元的水位高低进行定量计算。在某时间切片下，淹没水面假定为水平(Zerger,2002; Zerger et al.,2002)，则依据水量平衡——地表净积水量转换为淹没水量，建立地表淹没空间(包括淹没水深与积水范围)的数学表达式。通过以三棱柱为基本计算单元，采用数值二分求解某时间切片下的内涝淹没空间(即指定积水量情况下对应的内涝水面和淹没水深)，进而得到整个时空过程的内涝淹没模拟场景。

4.1　基于水量平衡原理的汇水单元产汇流计算模型

依据水量平衡原理，暴雨降落到地面，除去地表下渗、雨水箅排水，剩余的地面净积水量将转换为地表径流和蒸散量。据相关研究(Apirumanekul,2001)，在

3 日的持续降雨时段内，蒸发的水量占积水量的 0.5%，故暴雨时间内蒸散量较少，本书暂不考虑。从时空角度上，可用式(4.1)的时空积分方程来描述研究区的水量平衡。

$$\iint_{t,s} h(t,s)\mathrm{d}t\mathrm{d}s = \iint_{t,s} f(t,s)\mathrm{d}t\mathrm{d}s - \iint_{t,s} s(t,s)\mathrm{d}t\mathrm{d}s - \iint_{t,s} d(t,s)\mathrm{d}t\mathrm{d}s + \iint_{t,s} i(t,s)\mathrm{d}t\mathrm{d}s - \iint_{t,s} o(t,s)\mathrm{d}t\mathrm{d}s \tag{4.1}$$

式中，$h(t,s)$ 为在区域 s 处至 t 时刻的积水深度，$f(t,s)$ 为在区域 s 处至 t 时刻的降水强度，$s(t,s)$ 为地表 s 处至 t 时刻的下渗率，$d(t,s)$ 为地表 s 处至 t 时刻的排水率，$i(t,s)$ 为地表 s 处至 t 时刻的邻域汇水单元的流入速率，$o(t,s)$ 为地表 s 处至 t 时刻的邻域汇水单元的流出速率。

以某城区汇水单元为例，指定某时刻 T_i 下建立该单元内的水量守恒方程，如图 4.2 所示(为便于区分，水面线统一用点划线标示)：该汇水单元内包含了建筑物、道路、草地、排水管、路缘石等城区典型约束特征，其中不同的地表下垫面的径流系数不同。

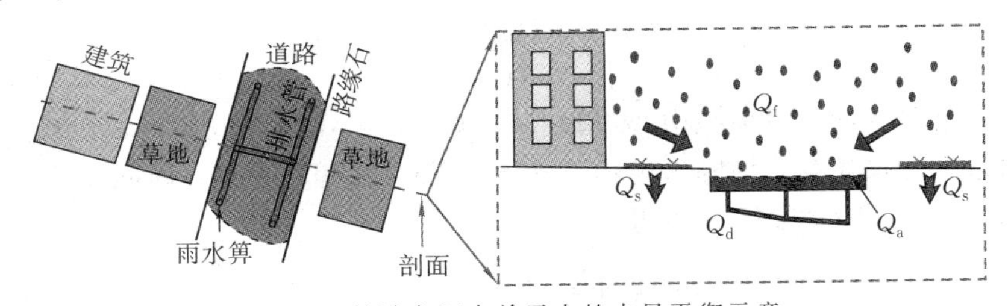

图 4.2　某城市汇水单元内的水量平衡示意

对某城市汇水单元而言，在指定 S 处、指定时间切片 T_i 时存在净积水量计算公式为

$$Q_a = Q_p + Q_c = (Q_f - Q_s - Q_d) + (Q_i - Q_o) \tag{4.2}$$

式中，Q_a 为累积净积水量(m^3)，Q_p 为累积产流量(m^3)，Q_c 为累积汇流量(m^3)，Q_f 为持续降水量(m^3)，Q_s 为累积地表下渗量(m^3)，Q_d 为雨水箅的累积排水量(m^3)，Q_i 为邻域汇水单元流入的累积水量(m^3)，Q_o 为流出到邻域汇水单元的累积水量(m^3)。

4.1.1　汇水单元产汇流建模

汇水单元单元的净产流量 Q_p 主要为降水量 Q_f 与地表下渗量 Q_s、排水系统排水量 Q_d 之差。降水量为某一降雨强度下某一时段内降落在一定面积内的累积雨水量，其中降雨强度为实际观测数据，也可采用历史暴雨案例记录的数据，也可采用降雨强度—历时—重现期方法。本书采用《室外排水设计规范》(GB 50014—

2006)(上海市建设和交通委员会,2006)和《给水排水设计手册》(北京市市政工程设计研究总院,2004)中给出的设计暴雨强度公式,即

$$q=\frac{167A(1+c\lg T_{\mathrm{E}})}{(T+b)^{n}} \tag{4.3}$$

式中:q 为平均降雨强度(mm/min);T_{E} 为暴雨重现期(年);A 为设计降雨重现期为一年的雨力;c 为雨力变动参数,即不同降雨重现期不同历时下的强度变化参数;T 为降雨历时(min);b 和 n 为降雨强度在同一重现期随暴雨历时延长强度递减变化情况。

在本书选用芝加哥暴雨过程线法来设计暴雨情景,其以上文的暴雨强度设计公式为基础描述典型降雨过程。在保证相同降雨总量的情况下,生成暴雨雨量过程线,并且指定降雨峰值出现的时间,即雨峰系数 $r(0<r<1)$。

定义降雨强度过程曲线为 $q(t)$,则平均降雨强度 q 可表示为

$$q=\frac{1}{T}\int_{0}^{T}q(t)\mathrm{d}t \tag{4.4}$$

将式(4.3)和式(4.4)进行联立并微分,可得到降雨过程函数为

$$q(t)=\frac{167A(1+c\lg T_{\mathrm{E}})[(1-n)t+b]}{(t+b)^{1+n}} \tag{4.5}$$

在暴雨降水的情景模拟中,需指定降雨峰值发生的时间,即指定雨峰系数 r,则降雨过程可描述为峰前降水过程 t_a 和峰后降水过程 t_b。存在时间切片 $t_a=rt$,$t_b=(1-r)t$,代入式(4.5)可得

$$q(t_a)=\frac{167A(1+c\lg T_{\mathrm{E}})\left[\frac{(1-n)t_a}{r}+b\right]}{\left(\frac{t_a}{r}+b\right)^{1+n}} \tag{4.6}$$

$$q(t_b)=\frac{167A(1+c\lg T_{\mathrm{E}})\left[\frac{(1-n)t_b}{1-r}+b\right]}{\left(\frac{t_b}{1-r}+b\right)^{1+n}} \tag{4.7}$$

通过式(4.6)和式(4.7)即可得到指定暴雨重现期下的降雨时程分配,进而得到暴雨降水情景。则暴雨过程的降雨量计算如式(4.8)所示,即

$$Q_{\mathrm{f}}=q(t)\cdot S_p\cdot T\cdot 10^{-3} \tag{4.8}$$

式中,q 为降雨强度(mm/min),S_p 为汇水单元的水平投影面积(m^2)。不同的城市的相关参数不同,具体取值可参考《给水排水设计手册》。

由于地表下渗的复杂性和多变性,并且城市地表多为沥青等不透水下垫面,下渗较少,为便于计算,本书采用地表径流系数 φ 来推算地表经验下渗系数,则地表下渗量 Q_{s} 可表示为

$$Q_s = (1 - \varphi) \cdot Q_f \tag{4.9}$$

式中，φ 为地表下垫面径流系数，不同系数的参考值如表 4.1 所示。

表 4.1　不同下垫面的径流系数

下垫面种类	φ	本书试验验区取值		
		φ_1	φ_2	φ_3
各种屋面、混凝土或沥青路面	0.85～0.95	0.85	0.90	0.95
大块石铺砌路面或沥青表面处理的碎石路面	0.55～0.65	0.55	0.60	0.65
级配碎石路面	0.40～0.50	0.40	0.45	0.50
干砌砖石或碎石路面	0.35～0.40	0.35	0.375	0.40
非铺砌土路面	0.25～0.35	0.25	0.30	0.35
公园或绿地	0.10～0.20	0.10	0.15	0.20

对于含有雨水箅等排水设施的汇水单元，若有具体的地下排水管网数据，则可参考《给水排水设计规范》中给出的曼宁公式，计算第 j 个（$j=1,2,\cdots,p$；p 为汇水单元内排水管个数）排水管的排水能力 Q_{dj}，如式(4.10) 所示，即

$$Q_{dj} = \frac{1}{\mu}\omega R^{2/3} S_p^{1/2} \tag{4.10}$$

式中：μ 为曼宁粗糙系数，具体取值依据实际情况参考表 4.2（周玉文 等，2000）；ω 为过水断面面积（m^2）；R 为水力半径（m），是 ω 与湿周的比；S_p 为水力坡降，即排水管的起点与终点的高差与长度的比值。

城区发生暴雨内涝积水时，排水管一般都处于满排状态，即式(4.10)中的水力半径为排水管半径的情况。则排水管的水量达到满流或者可以近似为满流进行计算（王林 等，2004）。式(4.10)可以改写为

$$Q_{dj} = \frac{1}{\mu}\frac{\pi d^2}{4} S_p^{1/2} \tag{4.11}$$

式中，d 为排水管径直径（mm），S_p 为排水管的水力坡降。

需要说明的是，雨水管的排水量是与时间紧密相关的函数，可以实时计算，也可以按照满排量进行计算，需根据实际情况进行计算。此外，实际内涝的积水区在暴雨期间可能存在地下水上溢的现象，则此处 Q_{dj} 计算的水量应该为负号表示地下水上溢。

表 4.2　曼宁粗糙系数取值（周玉文 等，2000）

表面类型	曼宁粗糙系数 μ
平玻璃	0.01
混凝土、镀锌或内涂钢管	0.011
铸铁管	0.012
沾泥或沾油的排水管	0.013

续表

表面类型	曼宁粗糙系数 μ
铆固钢管、陶土管	0.015
粗糙混凝土管	0.018

对于试验区排水管网数据不完备的情况，排水量的计算可参考《给水排水设计手册》中给出的雨水箅形式、排水能力及其适用条件，实际应用时需结合研究区雨水箅的实际情况，取值相应的排水能力，具体值如表 4.3 所示。

表 4.3 雨水口形式及其泄水能力

形式	给水排水设计	泄水能力(L/s)	适用情况
道牙平箅式	边沟式	20	有路缘石的道路
道牙立孔式	侧立式	约 20	有路缘石道路、树叶等杂物易堵塞的地方
道牙平箅立孔联合式	联合式	30	汇水量较大的区域且箅隙容易被树叶等杂物堵塞的地方、有路缘石的道路
地面平箅式	平箅式	20	无路缘石的地面道路、广场
道牙小箅雨水口	小雨水口	约 10	降雨强度较小区域、有路缘石的道路
钢筋混凝土箅雨水口	钢筋混凝土箅雨水口	约 10	重型车通行较少的地方

因此，汇水单元的净产流量计算公式为

$$Q_p = \varphi Q_f - \sum_{j=1}^{p} Q_{dj} \tag{4.12}$$

式中，Q_p 为汇水单元的净产流量，φ 为地表径流系数，p 为汇水单元所包含的雨水口的个数，Q_{dj} 为第 j 个排水管网的排水量。

4.1.2 汇水单元之间的汇流计算

当汇水单元的积水不断增加，到达出水口之后，积水将流向邻域汇水单元，形成不同汇水单元之间的汇流。邻域汇水单元之间的汇流模式如图 4.3(a)所示，汇水单元 A 和 C 中的水位到达出水口 O 后流向邻域的汇水单元 B 和 D，具体算法步骤如表 4.4 所示。

表 4.4　汇水单元间的汇流算法

算法描述：该算法实现了不同汇水单元间的汇流

算法步骤：

步骤1　判断汇水单元 A 内的水位值 H_a 是否达到出水口 O 点的高程；如果没达到，则水位继续增加，否则转入步骤2。

步骤2　根据出水口点 O 处的下垫面类型和水位值，结合坡面流速计算方法（郝振纯 等，2010），计算该处的水流量 Q_v 为

$$Q_v = A_s \cdot k \cdot \sqrt{S} \tag{4.13}$$

式中，A_s 为出水口积水横断面的面积（m^2）。实际计算时，过 AB 作铅垂面 P，O 在其上的投影点为 O'，积水面与 AO、BO 的交点为 C、D，该两点在铅垂面 P 上的投影为 C'、D'，如图4.3(b)所示，则阴影标示的 $\triangle C'O'D'$ 面积即为 A_s。S 为坡面流平均坡度；k 为坡面流速度常数（m/s），具体取值如表4.5所示。

步骤3　搜索出水口 O 点所连接的邻接汇水单元（B、C、D），比较 A 和 B、C、D 的水位值；如果 $H_a > H_b$、$H_a > H_d$、$H_a < H_c$，则汇水单元 A 的积水按照流量 Q_v 均分流入到汇水单元 B、D 中，其余情况类推。

步骤4　所有汇水单元按照步骤1至步骤3依次进行汇流，即可得到当前时刻 T_i 的城市淹没范围和水深。

表 4.5　坡面流速度常数取值（郝振纯 等，2010）

地表覆盖		k/(m/s)	地表覆盖		k/(m/s)
森林	茂密矮树丛	0.21	农耕地	有残株	0.37
	稀疏矮树丛	0.43		无残株	0.67
	大量枯枝树叶	0.76	农作地	休耕地	1.37
草地	百里草丛	0.30		等高耕	1.4
	茂密草丛	0.46		直行耕作地	2.77
	矮短草丛	0.64	道路铺面		6.22
	放牧地	0.4			

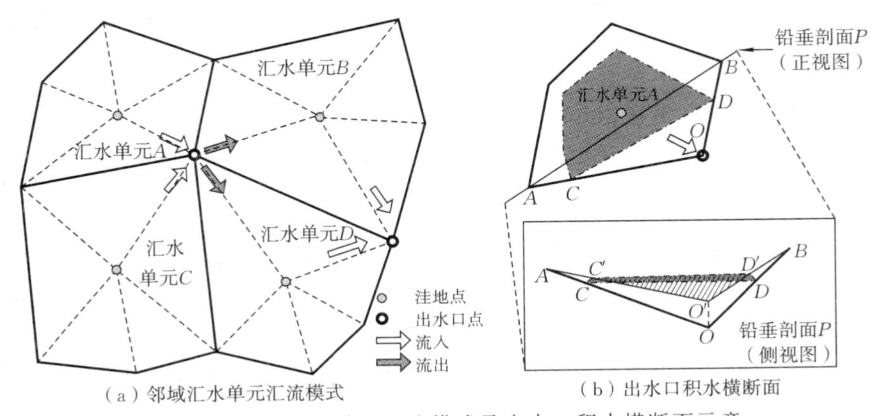

（a）邻域汇水单元汇流模式　（b）出水口积水横断面

图 4.3　邻域汇水单元汇流模式及出水口积水横断面示意

4.2 基于时间切片和三棱柱集的淹没空间模拟方法

基于时间切片的离散序列时空模型，将连续淹没过程划分为离散的时间切片，对各时间切片下的场景进行模拟。依据水量平衡原理，城区地表的净积水量转换为淹没水量，进而建立地表淹没水深与积水的数学表达式。通过以三棱柱为基本计算单元的数值二分法，求解该时刻的内涝淹没范围与水深情况，进而得到整个时空过程的内涝淹没模拟场景，具体流程如图 4.4 所示。

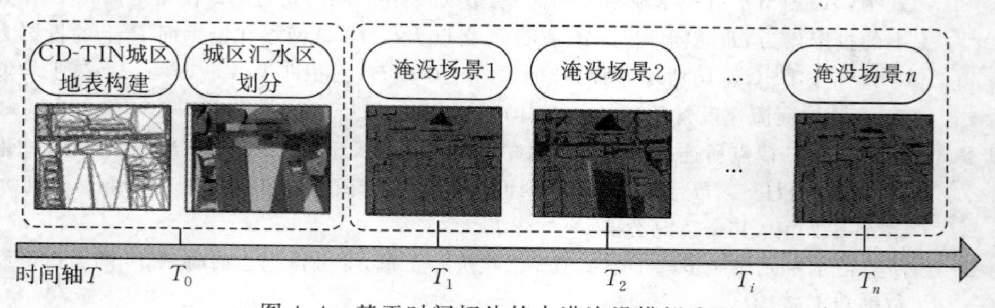

图 4.4 基于时间切片的内涝淹没模拟流程

4.2.1 基于时间切片的三棱柱模拟算法

根据等体积的原则，某时间切片 T_i 下，S 地表的净积水量转化为地表径流量，即淹没水位和地表高程间的水体，如式(4.14)所示。由于地表特征的复杂性和异质性，较难明确地建立式(4.14)的解析方程，故采用二分数值求解的方法得到淹没水位的数值解(Li et al.，2013)。由于积水量计算的基本区域为三角形，为便于求解，引入三棱柱的概念：以地面三角形的三个顶点垂直向上引垂线形成三棱柱，则汇水单元可划分为三棱柱集(图 4.5(a))。水面上升淹没过程可概化为淹没 1 个、2 个和 3 个顶点的情况(对应图 4.5 (b)、(c)、(d))分别进行汇水单元积水量计算，从而进行二分数值求解，即

$$\iint\limits_{t,s} h(t,s)\Big|_0^{T_i} = Q_a = \int_A (H_w - H_g)\mathrm{d}s \tag{4.14}$$

式中，A 为淹没的面积(m^2)，$\mathrm{d}s$ 为积分划分的基本区域(m^2)，H_w 为淹没水位(m)，H_g 为地表高程(m)。

基于三棱柱求解水面二分算法，先将约束不规则三角形网(CD-TIN)表示的研究区地表中的三角形沿其顶点向上引垂线，形成斜底面的直三棱柱；然后取水位初始最大值和最小值，计算对应的积水量；比较积水量和实际水量的大小，不断取中间值直到得到合理的淹没水位(图 4.6)，具体算法步骤如表 4.6 所示，其算法效率为 $O(\log n)$。

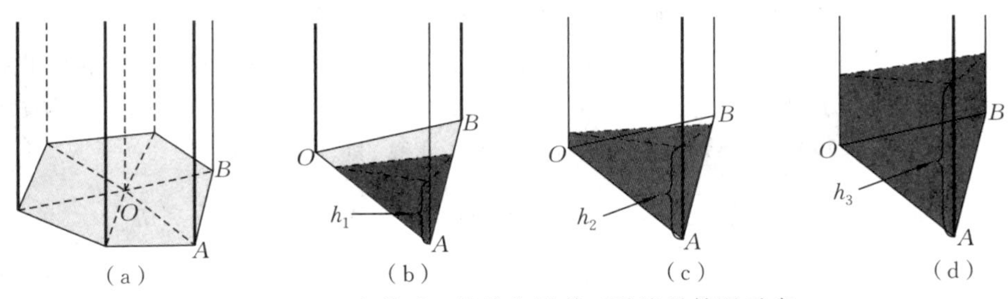

图 4.5　汇水单元三棱柱集及其三种淹没情况示意

表 4.6　斜三角形底面的直三棱柱的水位二分求解算法步骤

算法描述:该算法实现了基于二分数值求解思想,实现了直三棱柱的水位解算	
步骤 1	初始化各三角形顶点,引入虚拟的垂直边。
步骤 2	根据初始的水深 H_0 计算对应的最小积水量 Q_0,根据 H_1 计算对应的最大积水量 Q_1;判断每个三角形的顶点和水面高程的关系,分水面淹没三角形 1 个、2 个、3 个顶点分别进行计算。
步骤 3	将积水量 Q_0、Q_1 与当前积水量 Q_t 进行比较:如果$(Q_0+Q_1)/2<Q_t$,则 H_0 赋为$(H_0+H_1)/2$;如果$(Q_0+Q_1)/2>Q_t$,则 H_1 赋为$(H_0+H_1)/2$。转入步骤 2,直至在一定阈值内最小积水量 Q_0 与最大积水量 Q_1 均等于 Q_t。
步骤 4	输出 Q_t 对应下的水深 H。

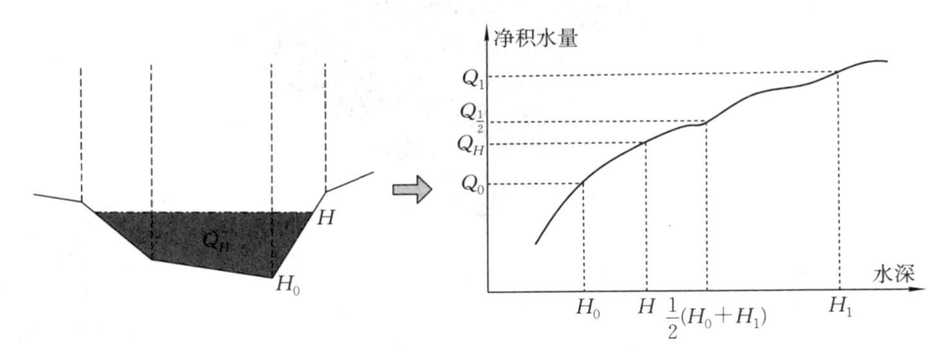

图 4.6　三棱柱二分求解淹没水位算法示意

对表 4.6 中水面淹没三角形的情况分淹没 1 个、2 个、3 个顶点(图 4.7)分别进行水量计算。取图 4.7 中两汇水单元之一汇水单元 a 为例,对其淹没过程的水量进行计算:

(1)积水水面 $FGDK$ 淹没之前的过程均为水面淹没三角形一个顶点的情况。取底面为 $\triangle AFG$ 的三棱柱的水深(图 4.7(b))计算方法为

$$Q_b=\frac{1}{3}h_d\cdot S_{\triangle A'FG} \tag{4.15}$$

式中,各参数均可通过水面 $FGDK$ 与边 AB、AC 的交点 F、G 坐标计算得到。

(2)积水水位继续上升,则有三角形的两个顶点被积水淹没,以 $\triangle ADC$ 为底面的三棱柱为示例(图 4.7(c)),计算方法为:因不规则水体 $AA'HIDD'$ 的体积不易计算,故将其分割为三个子水体,即三棱锥 $A-MND$、三棱柱 $MND-A'PD'$、楔形 $HI-PD'DN$。分别利用对应体积公式计算,即

$$Q_b = Q_y + Q_p + Q_w = \frac{1}{3}AM \cdot S_{\triangle MND} + A'M \cdot S_{\triangle MND} + \frac{1}{6}h_w \cdot DD' \cdot (2PD' + HI) \tag{4.16}$$

式中,各参数均可以通过水面与三角形各边求交点的坐标得到。

(3)积水水位继续上升,则有三角形的三个顶点被积水淹没,优选地以 $\triangle ADE$ 为底面的三棱柱为示例(图 4.7(d))计算方法为:不规则水体 $ADEA'D'E'$ 的体积不易计算,将其分割为两个子水体进行计算,即四棱锥 $E-ADSR$、三棱柱 $A'D'E'-RSE$。分别利用对应体积公式计算,即

$$Q_b = Q_f + Q_p = \frac{1}{3}h_f \cdot S_{ADSR} + A'R \cdot S_{\triangle A'D'E'} \tag{4.17}$$

式中,各参数均可以通过水面与三角形各边求交点的坐标得到。

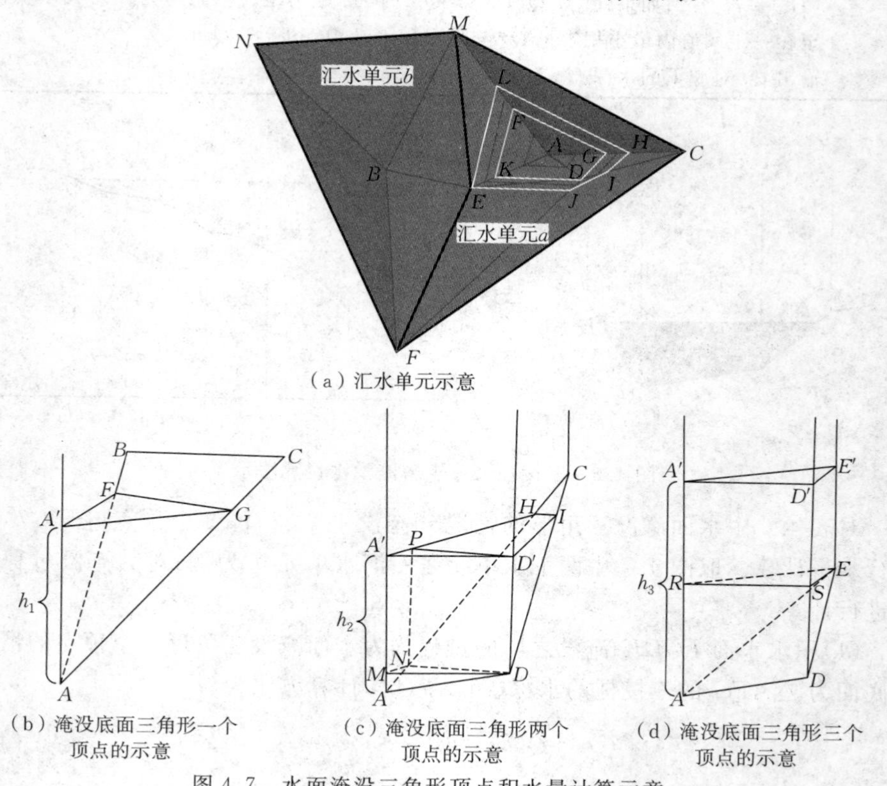

(a) 汇水单元示意

(b) 淹没底面三角形一个顶点的示意

(c) 淹没底面三角形两个顶点的示意

(d) 淹没底面三角形三个顶点的示意

图 4.7 水面淹没三角形顶点积水量计算示意

基于以上三个步骤可得到指定水深下各个三角形面片的淹没情况，则汇水单元内的净积水量为淹没水面以下各水体的体积和。

因此，城市暴雨内涝淹没计算过程如下：首先，按照式(4.2)～式(4.12)依次计算汇水单元的产流量和汇流量，进而得到各汇水单元的净积水量；然后，采用式(4.13)～式(4.17)数值求解某时刻的淹没范围和水深，进而得到整个研究区的淹没情况。依次类推，即可得到研究区的内涝淹没历时情况，从而实现暴雨内涝淹没的时空模拟。

4.2.2　典型试验区试验

1. 北京师范大学校园试验

近年，北京师范大学主校园几乎每年均受暴雨内涝的侵袭。以 2012 年北京“7·21”暴雨内涝为例，采用上文方法对北京师范大学主校园内涝淹没情况进行模拟。据相关报道，此次暴雨重现期为 61 年，12 h 降水量高达 215 mm。据观测，北京师范大学此次暴雨降水持续 3 h，由北京暴雨强度设计公式计算此次降雨强度为 0.76 mm/min。结合所提供的排水管网数据，计算北京师范大学试验区的排水能力。对于易被树叶等杂物堵塞的雨水箅，其排水能力计算时可视实际情况乘以系数 0.5～0.7，因北京师范大学校园清洁情况好，本试验暂不考虑堵塞情况。

参考表 4.1 不同地表径流系数，设置实验参数（表 4.1 中 φ_2），在实验机(Intel® Core™2 Duo CPU p8600 @ 2.4 GHz，1.93 GB RAM)上，采用课题组开发的模拟软件(CityFlood®)对北京师范大学“7·21”暴雨内涝进行淹没模拟。如图 4.8 所示，此次暴雨积水较为严重的区域为辅仁路，尤其是地遥楼前（标示为 *A*）和幼儿园前（标示为 *B*），以及南门、东门、北门和励耘楼等。通过与实地采集照片的对比，在一定程度上表明了淹没模拟效果的可靠性。

为验证淹没模拟过程中水深的可靠性，选取不同径流系数 φ_1、φ_2、φ_3（表 4.1）对淹没水深进行差异化模拟（表 4.7）。*A* 所在汇水单元的下垫面由花坛和道路面组成（汇水面积为 5 374.33 m^2），*B* 所在汇水单元下垫面由沥青路面和屋面组成（汇水面积为 409.17 m^2）。*A*、*B* 所在汇水单元在不同径流系数（φ_1、φ_2、φ_3）、不同降雨历时（1 h、2 h、3 h）情况下的净产流量关系，如图 4.9 所示：①相同下垫面在不同径流系数下净产流量不同；② *A* 所在汇水单元的净产流量呈相似规律性，而 *B* 所在汇水单元的净产流量则规律性不明显，主要是受邻域汇水单元流入积水量的不确定性影响。将模拟结果与 *A*、*B* 两处的实测淹没水深进行对比，如表 4.7 所示（单位为 cm）：①不同的径流系数对淹没模拟结果产生了一定的影响，并且影响结果视地表情况而定，*A* 处附近地表为道路面和花坛的交界，而单位面积上的花坛相对道路面产流量较少，故模拟的净积水量偏少，导致淹没水深偏小；②*B* 处附近地表为沥青路面和屋面，径流系数相似，模

图 4.8 北京“7·21”暴雨期间北京师范大学校园内涝淹没模拟结果与现场实景对比

拟结果应基本稳定，但其在径流系数 φ_2 情况下的变化主要受邻域汇水单元积水量流入的影响，导致净积水量发生变化，从而影响了 B 处的模拟结果。总体而言，该验证数据在一定程度上说明了本方法模拟淹没水深的可靠性。若后续暴雨淹没案例中采集到更多的实测数据，可更精确地率定相关参数，并为准确模拟提供更多的交叉验证。

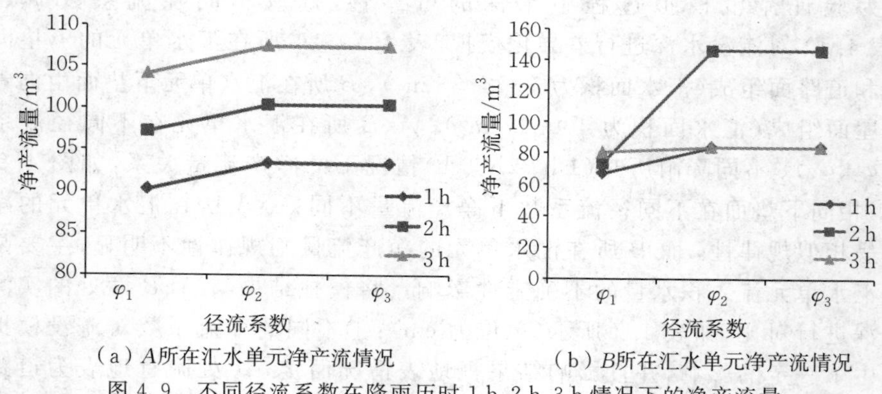

(a) A所在汇水单元净产流情况 (b) B所在汇水单元净产流情况

图 4.9 不同径流系数在降雨历时 1 h、2 h、3 h 情况下的净产流量

表 4.7　A、B 两处淹没水深实测结果和模拟结果对比

径流系数	A 实测水深	A 模拟结果	相对误差	B 实测水深	B 模拟结果	相对误差
φ_1	42	35	16.7%	36	33	8.3%
φ_2	42	37	9.6%	36	39	8.3%
φ_3	42	38	9.5%	36	34	5.6%

为进一步验证本书淹没模拟的准确性，本书与“7·21”内涝事件调研的淹没风险图（图 4.10，该风险图为北京师范大学减灾院风险所通过问卷调研，依照相对风险感知度而生成）进行对比，发现：风险较高的路段为励耘路、南门外学院南路、靠近东门路段，调查积水点为地遥楼前、东门、南门、教九楼等。以上高淹没风险路段和积水点位与本书模拟的效果图 4.8 基本吻合，从空间范围上表明了本书模拟方法的合理性。

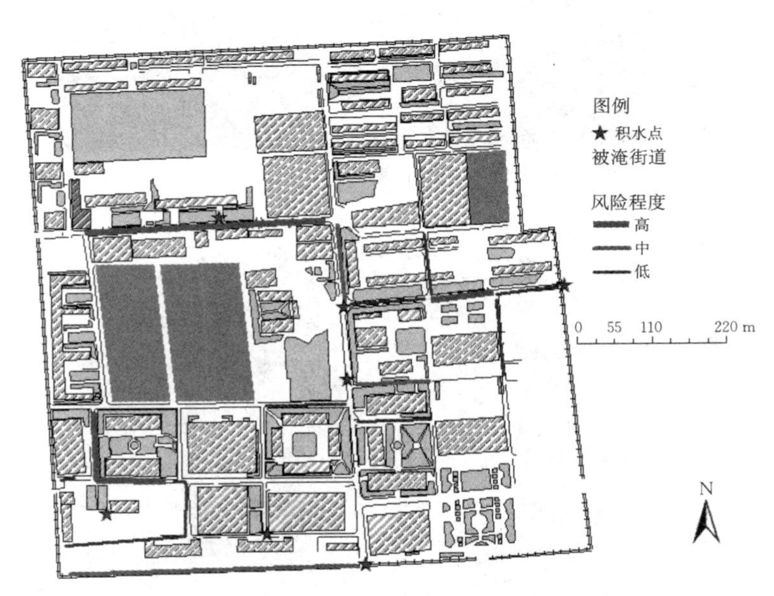

图 4.10　北京师范大学“7·21”淹没感知风险图

2. 北京石景山金安桥地区试验

以北京市石景山金安桥地区为试验区，进行淹没模拟试验。金安桥为下穿式立交桥，地势低洼，近年来多次受到暴雨内涝的影响而导致长时间积水，严重阻滞了城市交通、影响民众人身安全和正常生活。据报道，北京“7·21”暴雨内涝导致金安桥下严重积水，积水深度达 1 m 多（图 4.11），此次暴雨重现期为 61 年，12 h 降水量高达 215 mm。此区域该次暴雨降水持续 1 h，此次平均降雨强度为 1.51 mm/min。结合北京市城市系统工程中心提供的排水管网数据，依照满排状态计算试验区的各排水管的排水量，试验模拟结果如图 4.12 所示。限于此次暴雨

可获得的实测数据贫乏，本书仅采用照片（图 4.11）对比验证，对金安桥地区的淹没模拟情况进行放大对比（图 4.13），发现模拟效果与实际照片相符。

图 4.11　北京“7·21”暴雨金安桥下积水情形

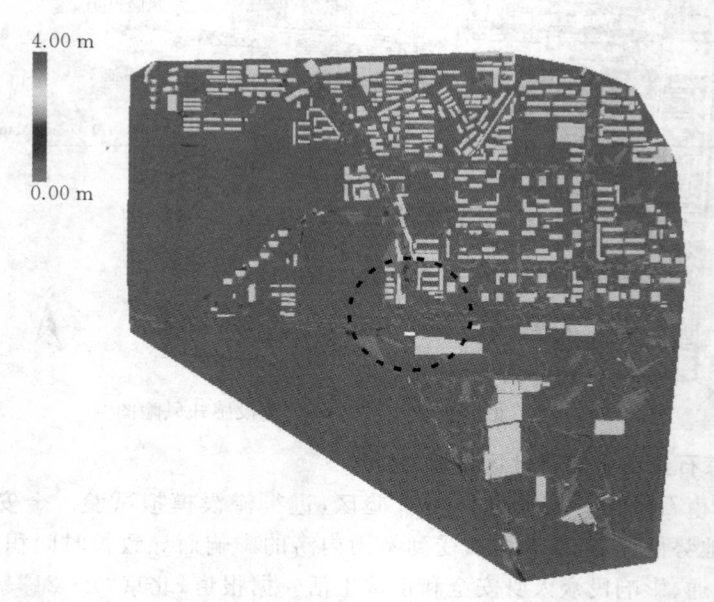

图 4.12　金安桥地区“7·21”暴雨内涝淹没模拟图（圆圈所示为金安桥）

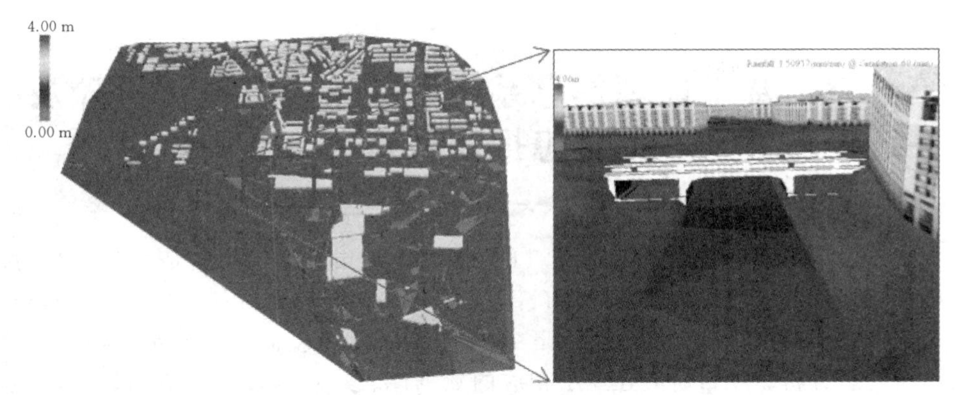

图 4.13　金安桥地区“7・21”暴雨内涝淹没模拟局部侧视图

第5章　基于地理信息系统的城市内涝淹没风险及隐患推演技术

基于约束不规则三角形网(CD-TIN)构建的城市地表无缝集成精细模型,进行产汇流建模和淹没模拟,建立城市暴雨内涝淹没风险分析软件与隐患推演平台。从工程尺度上,可对城市重要街区、下穿式立交桥、地下空间等主要承灾体进行暴雨内涝隐患分析。项目研究建立了相应的数据库、参数库,设计相应的算法,开发了相应的模块,形成了一套可供相关职能部门参考使用的内涝模拟与隐患分析三维软件系统。

从淹没风险分析角度上,以北京师范大学主校园和北京石景山金安桥地区为试验区,采用不同的降雨强度,即不同降雨总量、降雨历时、重现期因素,对城市内涝的淹没情况进行模拟,得到了不同暴雨重现期下(从十年一遇到百年一遇)的内涝淹没风险情况,形成了内涝淹没风险序列,可为城市隐患分析和防灾减灾提供技术支持。从隐患推演角度上,本章考虑地下空间不同入口处的地表可能积水深度、入口区的精细数字高程模型(DEM)、地下空间室内地坪的坡度及排水能力等多种因素,采用地上、地下双层CD-TIN地表无缝集成模型,设计了街区内涝并导致地下空间积水的动态仿真模型,实现了地下空间淹没推演分析。顾及下穿式立交桥的特殊性,划分下穿式立交桥地表精确汇水单元,可对不同暴雨强度下桥下净汇水量进行建模;并且,结合拟防范的暴雨强度,提出了一套下穿式立交桥局部汇流与淹没过程的模拟方法,分析了地表径流系数对模拟结果的影响,实现了下穿式立交桥的淹没排水的动态推演分析,模拟了排水管网堵塞、下垫面改变等场景下的暴雨内涝积水推演方案。

5.1　城市内涝淹没分析与模拟推演系统

5.1.1　系统总体设计

本项研究开发了"城市暴雨内涝淹没分析与模拟推演系统"(简称CityFlood),可实现暴雨导致的城市内涝淹没过程的模拟推演分析,即以CD-TIN构建城市精细地表,顾及不同地表下垫面的特征,划分城市汇水单元进而实现产汇流建模,实现城市暴雨内涝淹没范围淹没、水深、淹没历时的建模与分析,进而对城市内涝风险和隐患推演进行分析。CityFlood主要包含数据库管理模块、精细地表构建模块、水文分析模块、淹没模拟模块、风险与隐患分析模块、可视化模块。其主要功能有：地表属性参数与数据库管理，Shapefile数据读写管理，精细城市地表读写；CD-TIN精细地表构建，城市实体建模，排水系统建模；汇流路径提取，汇水单元划分，汇水单元动态更新，汇水单元产汇流；虚拟三棱柱构建，二分数值求解，时间切片下场景模拟；降水排水径流参数控制，风险序列分析，隐患模拟推演；放大缩小平移旋转，点线面模式可视化，动态拾取交互功能，动态排水设施添加等功能。CityFlood系统可应用于城市暴雨内涝淹没模拟、城市内涝风险分析与模拟推演。CityFlood系统的总体功能设计如图5.1所示。

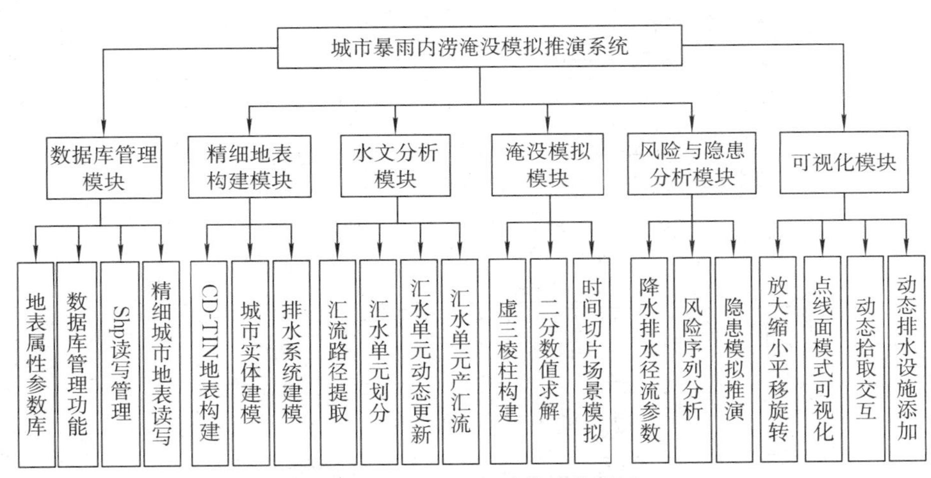

图5.1　CityFlood总体功能设计

5.1.2　系统架构设计

本系统架构为分层体系结构，整体上可划分为用户界面层、应用层、基础功能组件层、数据接口层和数据层五个主要层次，如图5.2所示。下面从软件开发架构和模式的角度来介绍本系统。

(1)用户界面层：包括数据读写功能、城市精细地表构建功能、城市汇流和汇水单元划分功能、淹没模拟控制功能、可视化工具等显示界面。

(2)应用层：由城市地表建模功能、城市水文分析功能、淹没模拟功能、可视化功能等一系列功能和逻辑模块构成。通过不同的接口将各个基础功能组件(中间件)进行集成。

(3)基础功能组件层：由一系列地理信息系统基本组件(如Shapefile读写、CD-TIN算法、空间查询等)和功能复用的共用组件(中间件，如计算几何库等)组成。组件(中间件)的开发是本系统的基础开发，是系统核心功能的分类集成。本书对组件(中间件)的开发尽可能基于底层，或基于应用广泛的开源类库。基础功能组件层与应用层协同配合,共同构建本系统各核心功能的环境。

(4)数据接口层:为本系统访问数据层提供统一的数据访问接口。本系统访问数据库采用空间数据库引擎(GDAL)、商用关系数据库的方式进行集成化的管理(如 QODBC),通过调用相应的空间数据库引擎接口或者数据库存取访问接口对本系统的数据信息进行访问。

(5)数据层:包括基础地理数据库、测绘地表数据库、排水系统数据库、地表参数数据库、卫星影像产品、风险分析序列图件、隐患分析报告等。

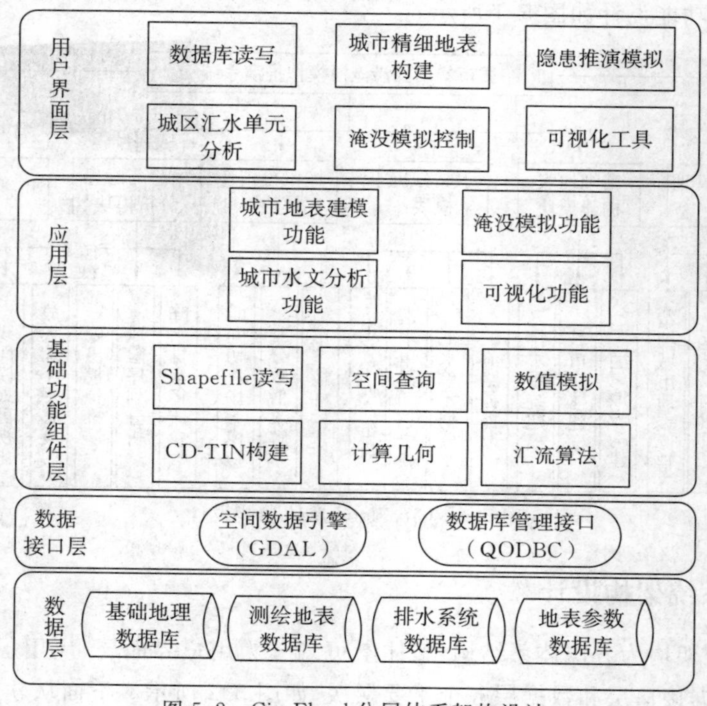

图 5.2　CityFlood 分层体系架构设计

5.1.3　系统研发设计

CityFlood 使用 MVC 界面风格进行界面的开发。采用当前积水量 Q_t 进行 GUI 开发,在 Visual Studio 2008 开发环境中以 C++ 作为主要开发语言,以 OpenGL 作为可视化库进行可视化开发,界面的布局如图 5.3 所示,分为七部分:菜单栏、工具栏、内涝模拟控制区、视图区、图层管理区、属性视图区和信息输出区。其中,内涝模拟控制区主要实现降雨类型设计、降雨强度历时等选择;视图区是对各阶段构模和模拟结果的可视化,实现精细城区地表、汇水单元与汇流路径、淹没模拟结果的可视化表达;可视化控制区主要实现了点模式、线模式、纹理模式、线框模式等不同可视化模式的控制；图层管理区实现对地表模型图层、汇水单元及汇水路径等图层的管理；属性视图区实现了对建模各要素的拉伸和缩放、栅格模拟分辨率的设置；信息输出区实现了系统操作的各进程的运行结果的实时输出，便于用户实时地了解系统操作进程和处理结果。

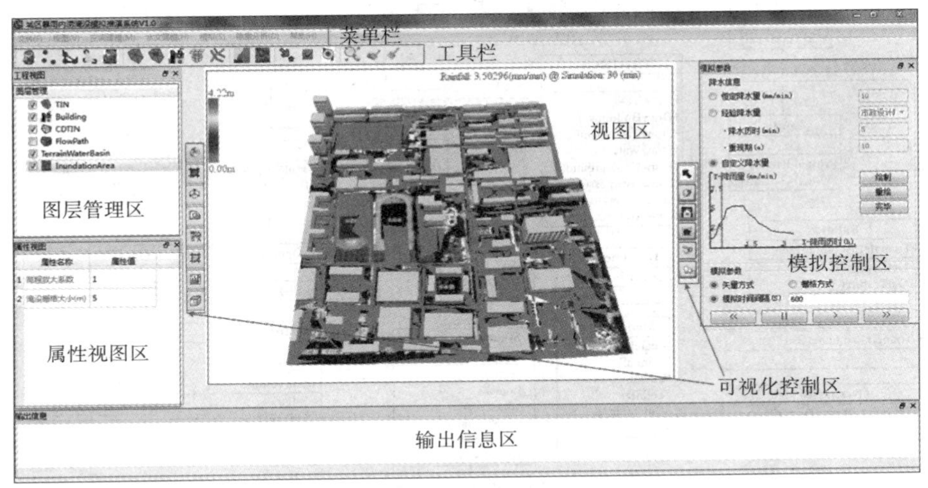

图5.3　CityFlood运行界面

采用面向对象的软件设计方法，利用UML语言对系统所涉及的各类及其类间关系进行设计。主要类包括以下对象类：数据读写类(DataReader)；城区地表构建相关类——CD-TIN类、D-TIN类、点类(Point)、边类(Edge)、面类(Triangle)、三角形接口类(HeadTriangle)、D-TIN模型类(TINModel)、各建(构)筑父类(Entity)、建(构)筑物类(Building)、地下空间类(Underground)、下穿式立交桥类(OverPassBridge)；城区水文分析相关类——汇水单元类(WaterBasin)、汇水单元划分父类(WaterBasinOper)、面—点模式类(WaterBasinOperF2N)、面—边模式类(WaterBasinOperF2E)；淹没模拟相关类——模拟类(Simulation)、模拟控制类(SimulationControl)、排水系统类(DrainSystem)、降雨类(Rainfall)；可视化相关类——可视化类(Visualization)、可视化视口类(MyExamerViewer)、图层控制类(LayerControl)、模型控制类(ModelControl)，各类之间的关系如图5.4所示。通过以上设计所研发的系统“城市暴雨内涝淹没分析与模拟推演系统(CityFlood)”，后续投放市场后可为水利灾害部门、城市系统工程部门、各部委减灾中心、保险公司等提供模拟和风险分析案例，进而提供解决方案产生实际的应用价值和经济效益。

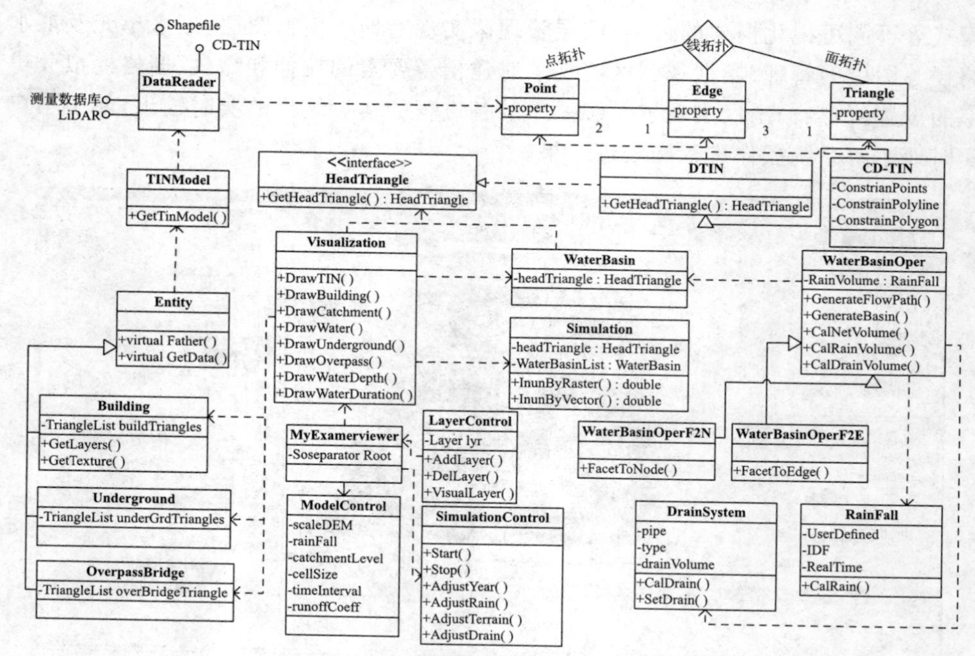

图 5.4 CityFlood 各关键类 UML 设计图

5.2 北京市试验区内涝淹没风险序列分析

自然灾害风险的分析需从系统理论的角度(史培军,1991),对致灾因子强度、承载体脆弱性和暴露性进行综合分析(黄崇福,1999),其可定义为指定概率下自然灾害造成的损失或破坏(Besio et al.,1998),定量化计算如式(5.1)所描述,即

$$Risk = f(h) \times f(v) \times f(e) \tag{5.1}$$

式中:$f(h)$ 为区域内的自然灾害致灾因子强度;$f(v)$ 为承载体的脆弱性,即不同的致灾强度下不同承载体的损失程度;$f(e)$ 在风险中暴露的各孕灾环境要素,如财产、人口等。

在上述自然灾害风险分析的理论框架下,部分学者从地理信息系统的角度就城市内涝风险进行了研究和分析(Ahmad et al.,2012; Fedeski et al.,2007; 权瑞松,2012; 殷杰 等,2009; 周成虎 等,2000)。本书就城市内涝致灾因子的强度 $f(h)$ 进行情景动态分析,给出了不同降雨重现期下的城市暴雨内涝淹没风险序列。

基于上文提出的城市内涝淹没模拟模型,调整暴雨重现期参数,可得到在不同重现期下的暴雨内涝淹没情况。图 5.5 给出了北京师范大学校园在不同暴雨重现期(10 年、20 年、40 年、60 年、80 年、100 年)的内涝淹没风险序列图。同时,分析不同重现期下的暴雨内涝淹没的隐患区域，对下穿式立交桥等区域进行隐患分析，图 5.6(a)～(f)为北京石景山金安桥地区在不同重现期(10 年、20 年、40 年、60 年、80 年、100 年)的暴雨内涝淹没模拟情况。取 60 年一遇的内涝风险图(图 5.6(d))，对其淹没风险明显的区域标注为 A、B、C，并对该重点淹没区域进行放大显示(图 5.7)，如此便可对整个试验区进行淹没风险的定量分析。

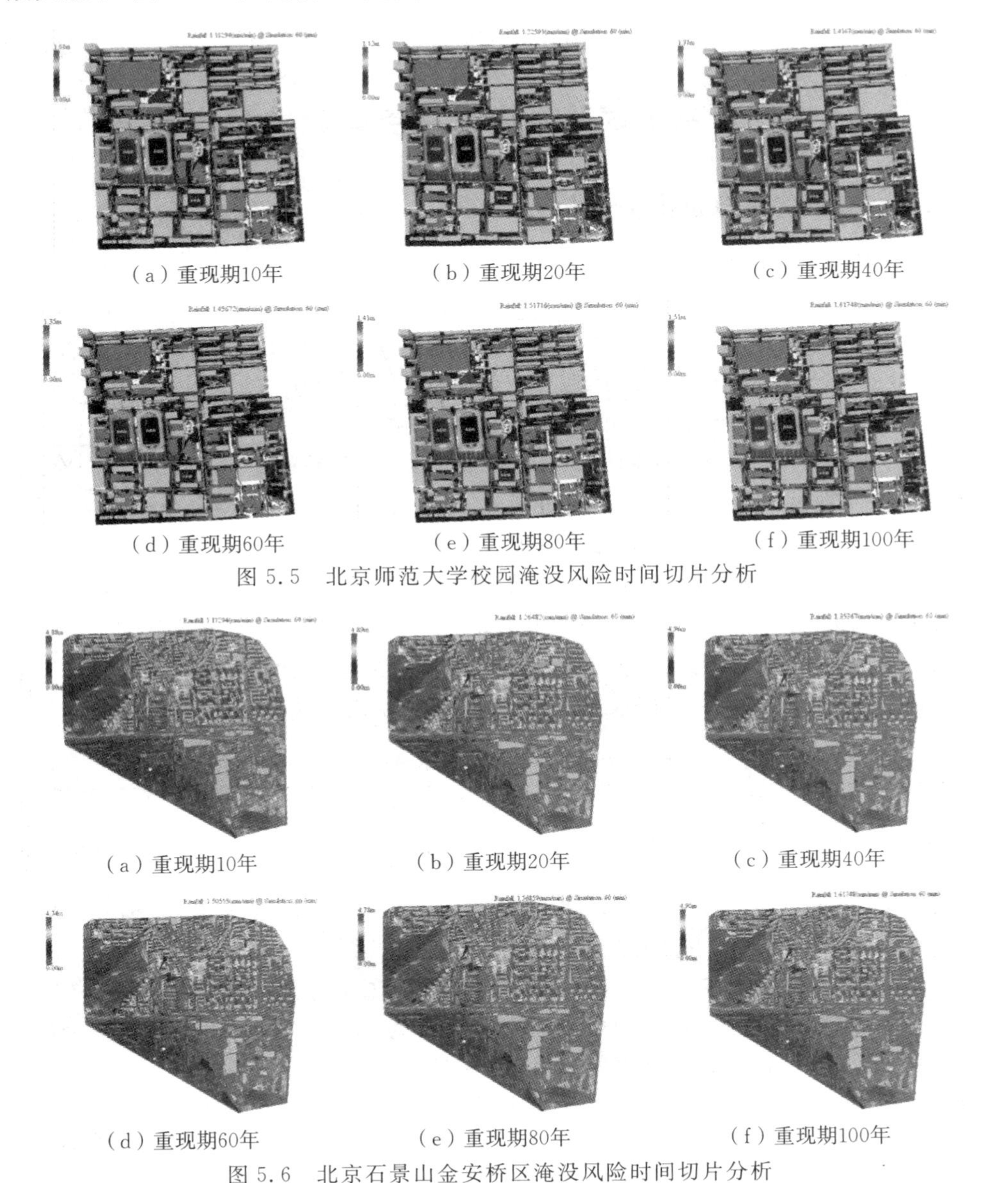

(a) 重现期10年　(b) 重现期20年　(c) 重现期40年

(d) 重现期60年　(e) 重现期80年　(f) 重现期100年

图 5.5　北京师范大学校园淹没风险时间切片分析

(a) 重现期10年　(b) 重现期20年　(c) 重现期40年

(d) 重现期60年　(e) 重现期80年　(f) 重现期100年

图 5.6　北京石景山金安桥区淹没风险时间切片分析

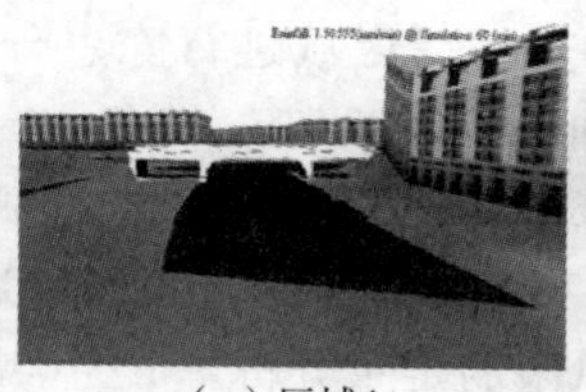

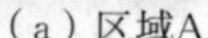

(a) 区域A

(b) 区域B

(c) 区域C

图 5.7 局部隐患区域淹没效果可视化

5.3 北京市试验区内涝重点隐患推演分析

5.3.1 地下空间隐患推演分析

1. 模型与方法设计

地铁、地下商场、地下车库等地下空间一般设置多个地表出入口，若相应街区发生内涝，极可能淹及地下空间。由于地下空间最低点均在排水管网低点高程以下，一般在室内地坪下设置集水坑并安装伺服式排水泵将积水上排至管网；当地表进水量超过排水极限时，将产生积水。本章顾及地下空间不同入口处的地表可能积水深度、入口区域的精细 DEM 模型、地下空间室内地坪的坡度及水泵排水能力等多种因素，基于本书 2.3.2 节中的地上、地下双层 CD-TIN 构建的无缝集成地表，如图 5.8 所示，当街区内涝积水量逐渐增大时，将淹没地下空间入口，进而导致地下空间积水淹没，其淹没模拟仿真算法如表 5.1 所示。

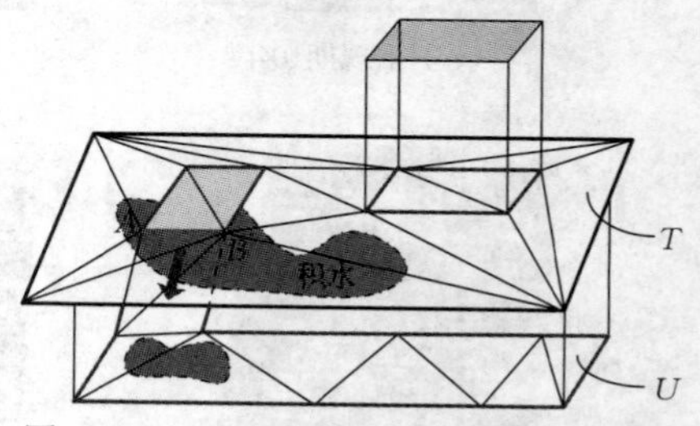

图 5.8 地下空间淹没模拟建模示意

表 5.1 地下空间的积水模拟算法

算法描述：该算法实现了基于直三棱柱的二分数值水位求解	
步骤 1	构建地上、地下双层 CD-TIN 表达的地表：地上地表 T 和地下地表 U，地上与地下部分通过地下车库入口处边进行地上、地下无缝集成(图 5.8)。
步骤 2	若在 T 面上发生积水则通过地下空间入口处(AB 线)流入地下空间，形成内涝淹没，其流入的积水量，按照坡面流公式进行计算，即 $$Q_v = A_s \cdot k \cdot \sqrt{S} \quad (5.2)$$ 式中：A_s 为出水口积水横断面的面积(m^2)，即为 AB 长度与水深的乘积；S 为坡面流平均坡度；k 为坡面流速度常数(m/s)，具体取值参考表 4.5 中数值。
步骤 3	地面积水流入地下空间 Q_v 的水量，其积水量减少 Q_v；而地下空间的积水量为 Q_v(若地下空间有排水泵则添加排水泵能力 Q_d，则积水量 $Q = Q_v - Q_d$)，按照二分数值求解算法实现地下空间的淹没模拟。

2. 地下车库淹没模拟试验

以北京师范大学东门地下车库为例予以建模研究，地表建模如图 5.9(a)所示，通过地下车库入口线与地下空间进行无缝集成建模，如图 5.9(b)所示。地下空间部分 U 建模效果如图 5.9(c)、(d)所示，图 5.9(c)给出了地下停车库所处主楼的位置，图 5.9(d)给出了基于 CD-TIN 构建的地下空间的建模示意图。

(a) 地表建模

(b) 地下车库入口

(c) 地下车库与地上建筑

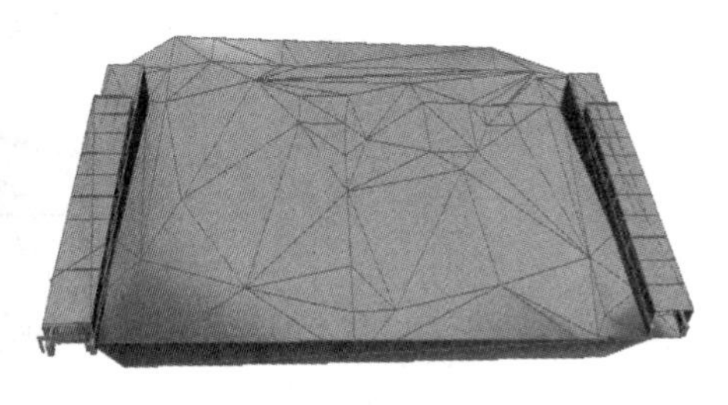
(d) 地下车库

图 5.9 北京师范大学地下停车库的地上、地下无缝集成三维建模

为定量推演分析地下空间的淹没情况，本书选取不同暴雨重现期对地下空间的淹没情景进行模拟，如图 5.10 所示。随着重现期的加大，依据式(4.3)～式(4.7)对应的暴雨降雨强度加大，对应的淹没积水范围不断扩大。对于淹没积水量而言，在不同的重现期下，该地下车库的积水量随着暴雨降水的历时而不断增加，如图 5.11 所示，给出了间隔为 10 min 下的积水量上升过程。由于北京师范大学在该地下车库的入口处增加了雨水箅等排水设施，该地下空间的积水量并不是太大，但是本书方法可实现对其积水的淹没模拟推演，其中各不同重现期的最大积水量分别为 19.73 m^3、22.58 m^3、24.05 m^3、25.75 m^3、28.16 m^3、33.33 m^3。参考《城市排水泵站设计规程》(上海市政工程设计研究院，2003)，采用设计流量为 3m^3/s 的泵站对积水进行排出，各需要 6.5 s、7.5 s、8 s、8.5 s、9.4 s、11.1 s 的时长。

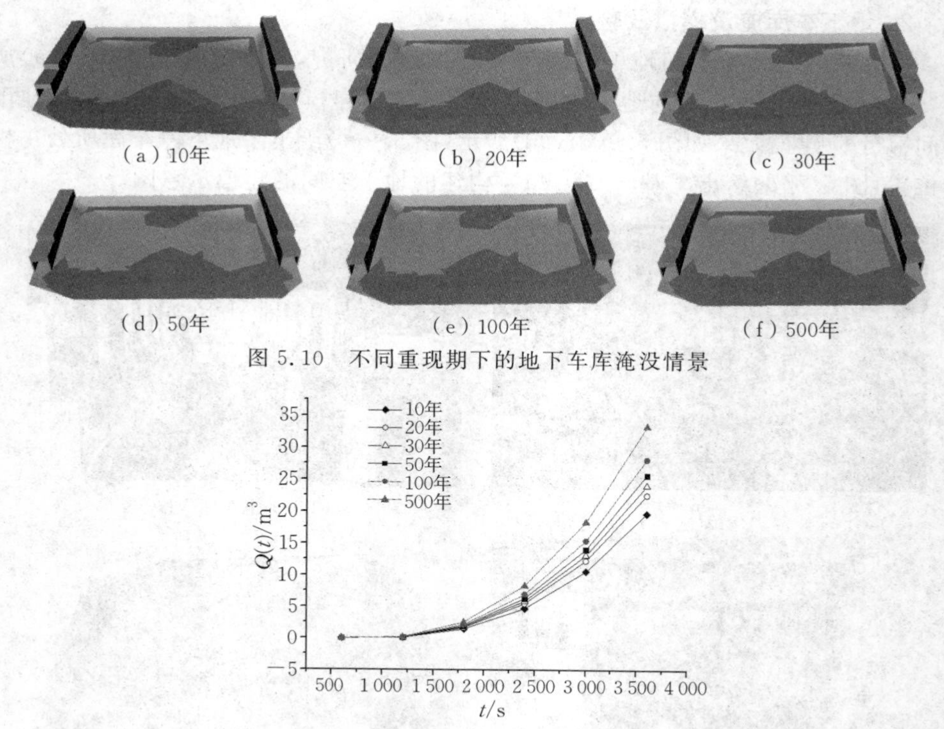

（a）10年 （b）20年 （c）30年

（d）50年 （e）100年 （f）500年

图 5.10 不同重现期下的地下车库淹没情景

图 5.11 不同暴雨重现期下的地下车库积水量

以 50 年一遇的暴雨内涝为例，对其淹没过程的情景进行动态建模，取间隔为 10 min 的时间切片对其进行动态推演，不同时刻下的淹没过程如图 5.12 所示，进而可动态定量地分析不同时刻不同重现期下的地下空间的淹没情景，以便采取排水泵等措施排出积水。

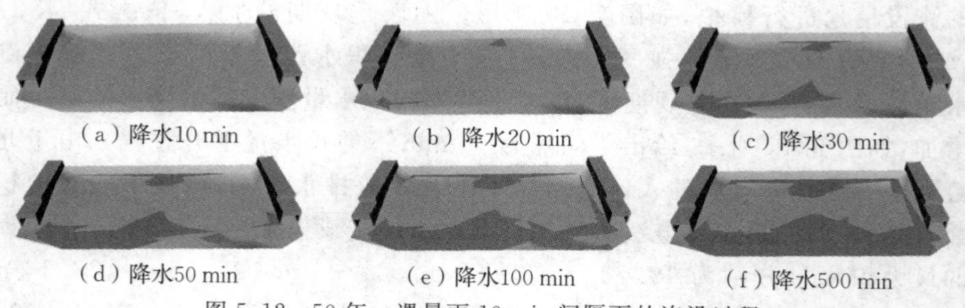

（a）降水10 min （b）降水20 min （c）降水30 min

（d）降水50 min （e）降水100 min （f）降水500 min

图 5.12 50 年一遇暴雨 10 min 间隔下的淹没过程

5.3.2 下穿式立交桥隐患推演分析

采用上文测区的北京市石景山区下穿式金安桥为隐患分析试验区，该桥为下凹式立交桥，降雨时雨水汇集至此，经由桥下路两侧雨水口排入北八沟，每缝暴雨桥下总有积水，给百姓造成不便，存在较大安全隐患。经现场查证和资料调研，造成桥下积水的主要原因包括：① 排水不畅，金安桥下雨水排入口管径仅为 500 mm，管径偏小；②下穿段为凹槽设置，地面标高明显低于周边道路地面标高，降水后迅速汇聚至凹槽底部；③若发生暴雨等大降水量事件，将超过排水系统设计排水能力，无法实现积水的及时排出。

依据式(4.3)～式(4.7)，设计不同的暴雨降雨强度，即不同降雨重现期下的降雨情景，对此下穿式立交桥进行定量动态淹没模拟推演。图 5.13(a)～(e)分别给出了暴雨重现期为 10 年、20 年、30 年、50 年、100 年下的金安桥的淹没模拟的情景。对比发现随着重现期的加大，积水范围不断扩大。为定量对比其积水量和积水深的动态变化过程，取间隔 10 min 模拟不同重现期下金安桥下的积水量和积水深，如图 5.14 所示。金安桥下的汇水单元内的积水随着降雨时间而逐渐积累，趋近于均衡（最大积水量分别为 1 124.23 m^3、1 143.26 m^3、1 170.68 m^3、1 186.27 m^3、1 219.13 m^3），原因为桥下积水到达汇水单元的出水口后可流向邻域汇水单元。因此，金安桥下的积水水虽然深逐渐增加，但增加幅度逐渐减缓至稳定（最大淹没水深分别为 1.18 m、1.18 m、1.20 m、1.20 m、1.22 m），趋势同积水量的增加相似。

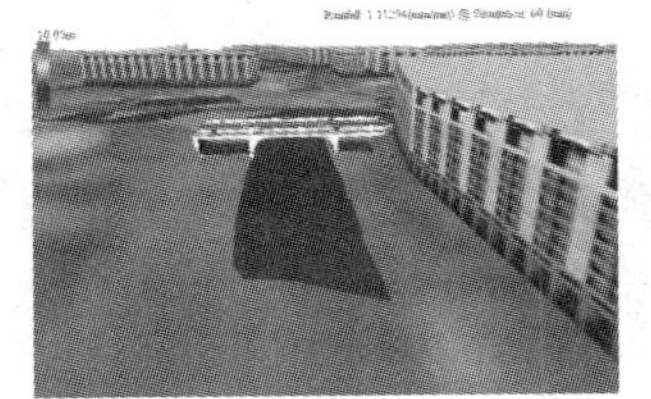
(a) 重现期10年

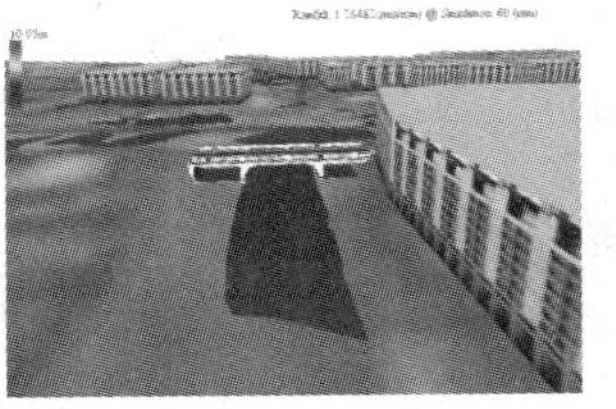
(b) 重现期20年

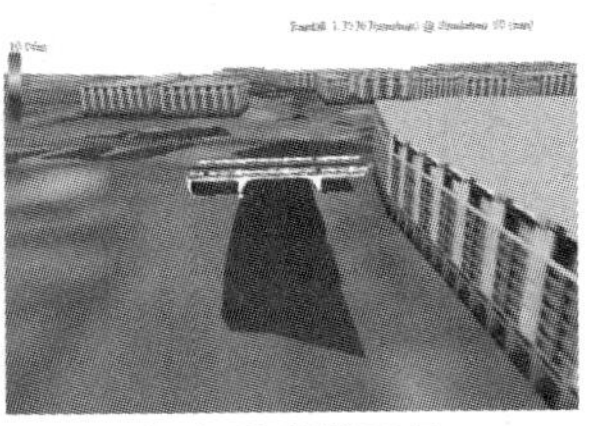
(c) 重现期30年

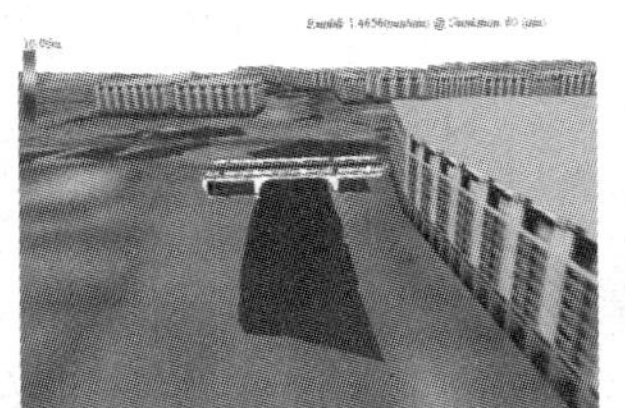
(d) 重现期50年

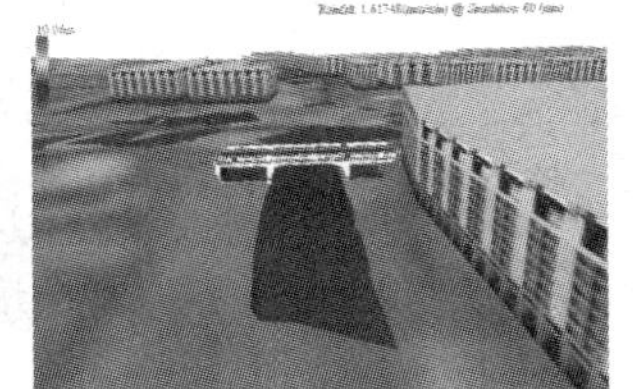
(e) 重现期100年

图 5.13　不同暴雨重现期下的金安桥淹没情景

以上试验的地表径流系数取值，均采用表 4.1 中的径流系数参考值的均值 φ_2 值。为验证此径流系数取值不同对淹没水深的影响，采用不同的径流系数对淹没水深进行模拟，如图 5.15 所示，取表 4.1 中不同的径流系数极值（φ_1 和 φ_3）对 50 年一遇的暴雨淹没金安桥的情景进行过程模拟发现：不同的径流系数对桥下的积水量与积水深有一定的影响，如图 5.15 中阴影区域所示为径流参数不同对模拟结果的影响区域，差距总体上在一定的范围内，积水量最大差距在 2 400 s 处为 137.4 m^3，积水深最大差距在 1 800 s 处为 7 cm。依照表 4.1 中给出的径流系数范围取值对最终结果有影响但不太大，若发生邻域汇水单元间的汇流，积水量和积水深则另当别论。

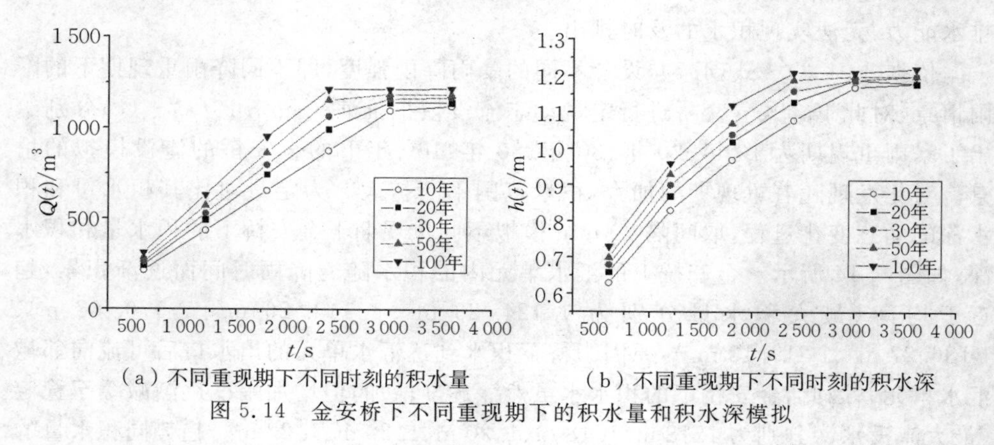

（a）不同重现期下不同时刻的积水量　（b）不同重现期下不同时刻的积水深

图 5.14　金安桥下不同重现期下的积水量和积水深模拟

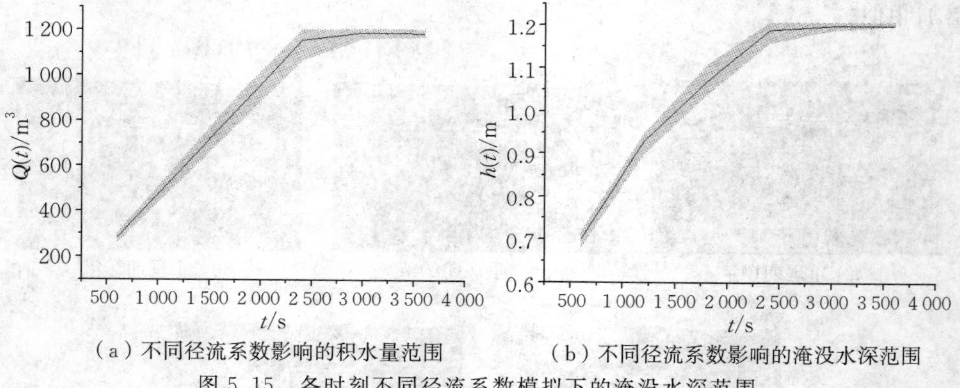

（a）不同径流系数影响的积水量范围　（b）不同径流系数影响的淹没水深范围

图 5.15　各时刻不同径流系数模拟下的淹没水深范围

以 50 年一遇的暴雨降水过程为例，选用表 4.1 中的径流系数 φ_2 值对金安桥地区的淹没过程进行模拟，取 10 min 为时间切片，淹没过程的模拟效果如图 5.16 所示，为便于显示积水范围增大过程，选用线画模式进行可视化，可发现淹没范围随着降水时间的递增而不断增大，为不同时刻的内涝淹没推演和预测预警提供定量化的支持。

对 50 年一遇的暴雨模拟 60 min 后的最大淹没情景中添加排水泵站，依据《城市排水泵站设计规程》选取中型排水泵站，排水能力设定为 5 m^3/s 对金安桥下的积水（1 189.68 m^3）进行外排。如图 5.17 所示，记录安置泵站的位置的积水量和淹没水深随时间的变化，并间隔 10 s 模拟一次，共计需 1 900 s 将积水完全排完（假定降雨时长为 60 min，即设定 3 600 s 时刻安置排水泵站后不再降水）。

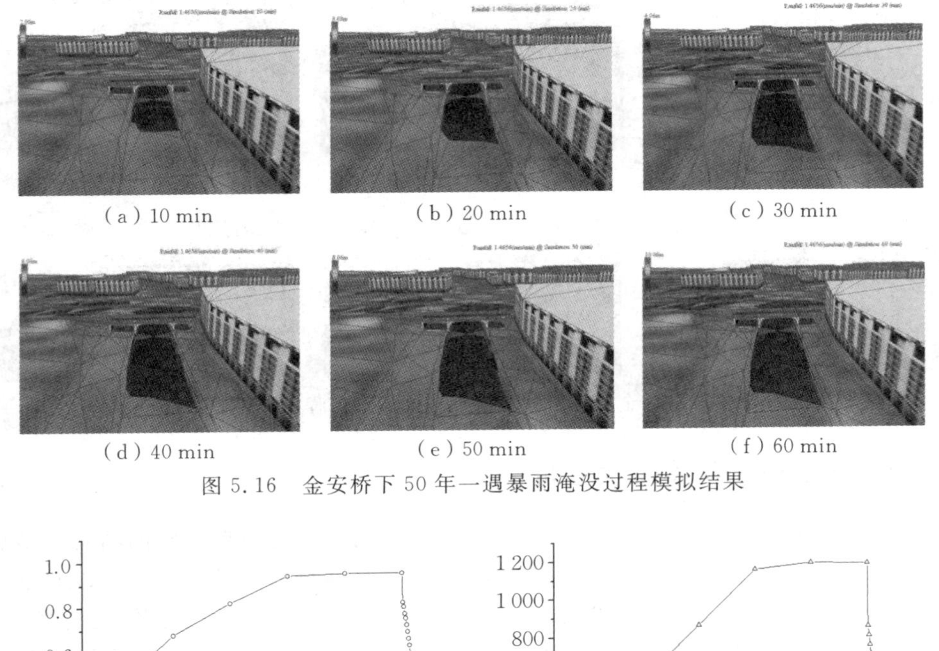

（a）10 min　（b）20 min　（c）30 min

（d）40 min　（e）50 min　（f）60 min

图 5.16　金安桥下 50 年一遇暴雨淹没过程模拟结果

（a）桥下积水量变化　（b）桥下淹没水深变化

图 5.17　添加泵站后的桥下积水量和积水深变化情况

添加泵站后的淹没范围不断减少。为便于表达，抽取典型时间切片下（60～63 min）的淹没情景进行可视化，桥下淹没区空间范围缩小过程如图 5.18 所示。

图 5.18　添加泵站后金安桥下积水淹没范围缩小过程（桥下小房屋为泵站示意）

图 5.18(续) 添加泵站后金安桥下积水淹没范围缩小过程(桥下小房屋为泵站示意)

5.3.3 排水管网堵塞推演分析

排水管网堵塞对城区内涝积水有突出影响。为定量分析排水管网堵塞的影响程度,本书选取排水管网的雨水口即雨水箅,作为推演分析的基本要素。以北京师范大学校园为例,地遥楼前和幼儿园前的辅仁路曾多次受内涝淹没的影响。图 5.19 为北京师范大学辅仁路局部放大图,取图中所示的 G_1 和 G_2 为推演雨水箅,对其堵塞时该街区内涝淹没情景进行推演:①G_1 和 G_2 均未堵塞;②G_1 堵塞、G_2 未堵塞;③G_1 未堵塞、G_2 堵塞;④G_1 和 G_2 均堵塞。

图 5.19 堵塞雨水箅位置和典型地物分布

对图 5.19 中的辅仁路区域即白色框区放大显示并进行重点模拟推演。以 60 年一遇降雨 30 min 的设计暴雨为推演降水,淹没积水量和水深及其情景如图 5.20 所示:

(1)图 5.20(a)中,雨水口均未发生堵塞,此时的 G_1 处积水量为 1.32 m^3,积水深为 8 cm;G_2 处的积水量为 23.63 m^3,积水深为 24 cm。

(2)图 5.20(b)中,若 G_1 发生堵塞后,G_1 处的积水量升为 5.45 m^3,积水深增至 14 cm;G_2 处积水量和积水深未发生变化。

(3)图 5.20(c)中,若 G_2 发生堵塞,G_1 处的积水量和积水深同图图 5.20(a)未发生变化,G_2 处的积水量升为 47.70 m^3,积水深增至 31 cm。

(4)图5.20(d)中,若 G_1 和 G_2 均发生堵塞,则 G_1 和 G_2 处的积水量和积水深均增加为 G_1 堵塞(图5.20(b))、G_2 堵塞(图5.20(c))的最坏情景,即 G_1 处的积水量升为5.63 m^3(此处积水量略有变化,主要是由邻域汇水单元的汇流所造成的干扰),积水深增至14 cm;G_2 处的积水量升为47.70 m^3,积水深增至31 cm。

本书给出 G_1 和 G_2 雨水箅发生堵塞而影响地表积水量和积水深的模拟情景。此推演方案可为定量分析某排水设施发生故障时所造成的影响,进而形成防涝预案和淹没救援演练情景。

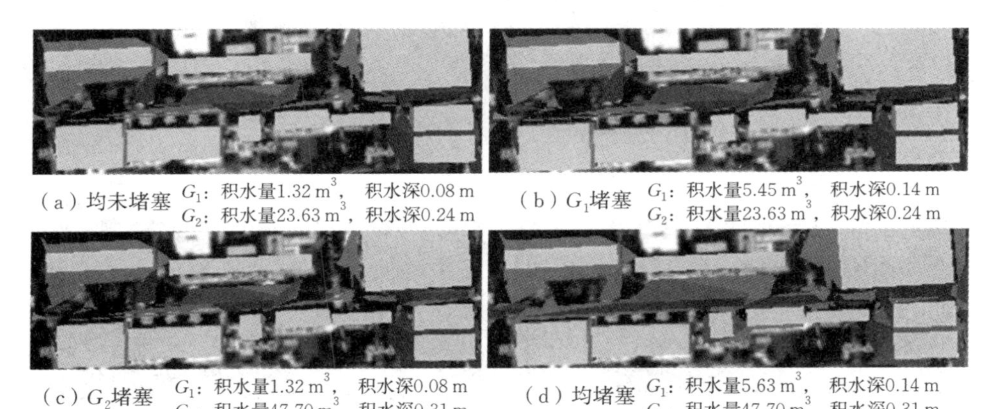

图5.20 北京师范大学校园部分雨水箅堵塞时的内涝淹没模拟情景对比

5.3.4 下垫面改变推演分析

上文定量分析了不同的下垫面系数对淹没模拟场景的影响,而不同的下垫面类型对城市内涝淹没场景影响更为显著。同时增加和减少建筑物均会影响地表汇流,进而影响内涝淹没的最终场景。本节设计了两组试验对下垫面的改变进行了定量的推演分析。

以北京师范大学校园重点淹没路段辅仁路为推演区域,在该路段上设置用于定量监测积水的空间点,其分布如图5.21所示,图中白色框为重点影响区域。设计60年一遇降雨历时30 min进行淹没推演模拟分析,其地表建模如图5.22(a)所示,淹没模拟情景如图5.22(b)所示。下文设计推演方案,给出该区域在下垫面改变情况下的淹没情景。

(1)设计情景A:改变下垫面,即删除建筑物地遥楼和幼儿园,将此处地表改为普通地表无约束特征,如图5.22(c)所示,该情景下的淹没模拟场景如图5.22(d)所示,原建筑区域被积水所淹没。

(2)设计情景B:改变下垫面类型,即将原来地遥楼前的草地下垫面改为两栋新建建筑物,其地表构模效果如图5.22(e)中线框所示,该情景下的淹没模拟场景如图 5.22(f)所示，该区域的积水范围进一步扩大并淹没新增建筑物。

图 5.21　下垫面改变的监测点分布

(a) 正常地表的CD-TIN

(b) 正常淹没情景

(c) 删除两栋建筑物后的地表CD-TIN

(d) 删除两栋建筑物后的淹没情景

(e) 恢复并增加两栋建筑物后的地表CD-TIN

(f) 恢复并增加两栋建筑物后的淹没情景

图 5.22　下垫面变化、地表构模变化和淹没推演场景

对积水点 A、B、C、D 在三种情景下的积水量和积水深进行定量监测，如图 5.23 所示，发现：①A 和 C 处未发生变化，主要原因是 A、C 积水点离新增 / 删除建筑物较远，即不在同一汇水单元，淹没情景不受下垫面改变的影响；②B 和 D 处的积水量和积水深，在新增 / 删除建筑物的淹没情景下变大，而新增建筑物的淹没情景比删除建筑物的淹没情景更大；③D 处的新增建筑物积水量和积水深与正常

淹没情景相同，主要原因是新增建筑物未影响到 D 所处的汇水单元，而删除建筑物则影响到 D 所处的汇水单元，造成积水量和积水深的增加。

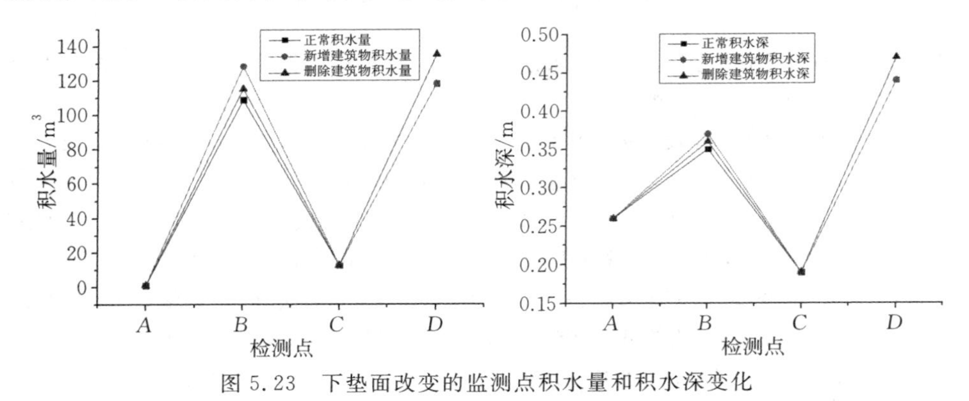

图 5.23　下垫面改变的监测点积水量和积水深变化

按本节试验，采用 Cityflood 可推演城区下垫面改变情景下的内涝积水淹没场景。据此，可为新城区建设、旧城区改造、下垫面规划设计等提供定量化评估技术，并为新城区排水系统建设、防涝推演等提供典型预案和技术方法。

参考文献

北京市市政工程设计研究总院,2004.给水排水设计手册 第5册:城镇排水[M].2版.北京:中国建筑工业出版社.

曹洪林,2007.北京城区下穿式立交桥下积水成因分析及对策[J].市政技术,25(1):14-7.

曾巧玲,2005.城市汇水区自动划分研究[D].南京:南京师范大学.

仇劲卫,李娜,程晓陶,等,2000.天津市城区暴雨沥涝仿真模拟系统[J].水利学报(11):34-42.

丛翔宇,倪广恒,惠士博,等,2006.城市立交桥暴雨积水数值模拟[J].城市道桥与防洪(2):52-6.

丁志雄,李纪人,李琳,2004.基于GIS格网模型的洪水淹没分析方法[J].水利学报(6):56-67.

郝振纯,李丽,王加虎,2010.分布式水文模型理论与方法[M].北京:科学出版社.

黄崇福,1999.自然灾害风险分析的基本原理[J].自然灾害学报,8(2):21-30.

黄俊华,陈文森,2009.连续运行卫星定位综合服务系统建设与应用[M].北京:科学出版社.

姜永发,张书亮,曾巧玲,等,2005.城市排水管网GIS空间数据模型研究[J].自然科学进展,15(4):465-471.

景垠娜,尹占娥,殷杰,2010.基于GIS的上海浦东新区暴雨内涝灾害危险性分析[J].灾害学,25(2):58-63.

李纪人,黄诗峰,2004.空间信息技术与防洪减灾现代化[J].中国水利水电科学研究院学报,2(1):70-76.

李京,蒋卫国,王圆圆,2008.空间技术在灾害与环境中的应用[J].中国工程科学,10(6):33-40.

李丽,郝振纯,2003.基于DEM的流域特征提取综述[J].地球科学进展,18(2):251-256.

李娜,仇劲卫,程晓陶,等,2002.天津市城区暴雨沥涝仿真模拟系统的研究[J].自然灾害学报,11(2):112-118.

李帅杰,程晓陶,郑敬伟,等,2011.福州市雨洪模拟[J].水利水电科技进展,31(5):14-19.

李伟峰,陈求稳,毛劲乔,2009.北京奥运村洪水淹没风险模型研究[J].科学通报,54(3):321-328.

李志锋,吴立新,张振鑫,等,2014.利用CD-TIN的城市暴雨内涝淹没模拟方法及其实验[J].武汉大学学报(信息科学版),39(9):1080-1085.

刘仁义,刘南,2001.基于GIS的复杂地形洪水淹没区计算方法[J].地理学报,56(1):1-6.

刘学军,王永君,任政,等,2008.基于不规则三角网的河网提取算法[J].水利学报(1):27-34.

权瑞松,2012.典型沿海城市暴雨内涝灾害风险评估研究[D].上海:华东师范大学.

任政,2008.基于不规则三角网TIN的流域特征自动提取算法与原型系统设计研究[D].南京:南京师范大学.

史培军,1991.灾害研究的理论与实践[J].南京大学学报(自然科学版),6(5):37-42.

孙慧修,郝以琼,龙腾锐,1999.排水工程[M].4版.北京:中国建筑工业出版社.

汤国安,刘学军,房亮,等,2006.DEM及数字地形分析中尺度问题研究综述[J].武汉大学学报

(信息科学版),12:1059-66.

王静,李娜,程晓陶,2010.城市洪涝仿真模型的改进与应用[J].水利学报,41(12):1393-1400.

王静爱,史培军,王瑛,等,2005.中国城市自然灾害区划编制[J].自然灾害学报,14(6):42-46.

王林,秦其明,李吉芝,等,2004.基于GIS的城市内涝灾害分析模型研究[J].测绘科学,29(3):48-53.

王彦兵,2005.基于TIN耦合的城市地上与地下三维空间无缝集成建模研究[D].北京:中国矿业大学(北京).

王彦兵,吴立新,贾晓林,等,2004.约束德洛奈三角网点删除的一体化凸耳消元法(IEE)[J].地理与地理信息科学,20(5):31-34.

王彦兵,吴立新,史文中,等,2005.基于虚点影响域重构的CD-TIN约束线动态删除算法[J].武汉大学学报(信息科学版),30(10):862-865.

吴立新,史文中,2003.地理信息系统原理与算法[M].北京:科学出版社.

向素玉,陈军,魏文秋,1995.基于GIS城市洪水淹没模拟分析[J].地球科学——中国地质大学学报,20(5):575-580.

徐梅,2006.城市地下空间灾害综合管理的系统研究[D].上海:同济大学.

殷杰,尹占娥,王军,等,2009.基于GIS的城市社区暴雨内涝灾害风险评估[J].地理与地理信息科学,25(6):92-95.

尹占娥,许世远,殷杰,等,2010.基于小尺度的城市暴雨内涝灾害情景模拟与风险评估[J].地理学报,65(5):553-62.

余烨,刘晓平,袁晓辉,等,2010.面向洪水灾害评估的城市建模与仿真[J].系统仿真学报,22(9):2136-2140.

张书亮,干嘉彦,曾巧玲,等,2007.GIS支持下的城市雨水出水口汇水区自动划分研究[J].水利学报,38(5):325-329.

赵思健,陈志远,熊利亚,2004.利用空间分析建立简化的城市内涝模型[J].自然灾害学报,13(6):8-14.

周成虎,万庆,黄诗峰,2000.基于GIS的洪水灾害风险区划研究[J].地理学报,55(1):15-24.

周玉文,赵洪宾,2000.排水管网理论与计算[M].北京:中国建筑工业出版社.

朱庆,田一翔,张叶廷,2005.从规则格网DEM自动提取汇水区域及其子区域的方法[J].测绘学报,34(2):129-133.

左俊杰,蔡永立,2011.平原河网地区汇水区的划分方法——以上海市为例[J].水科学进展,22(3):337-339.

ABDULLAH A F, VOJINOVIC Z, PRICE R K, et al., 2011a. Improved methodology for processing raw LiDAR data to support urban flood modelling: accounting for elevated roads and bridges[J]. Journal of Hydroinformatics, 14(2):253-269.

ABDULLAH A F, VOJINOVIC Z, PRICE R K, et al., 2011b. A methodology for processing raw LiDAR data to support urban flood modelling framework: Case study—Kuala Lumpur

Malaysia [J]. Journal of Hydroinformatics, 14(1): 75-92.

AHMAD S S, SIMONOVIC S P, 2012. Spatial and temporal analysis of urban flood risk assessment[J]. Urban Water Journal, 10(1): 26-49.

ALEXANDER D, 2006. Globalization of disaster: trends, problems and dilemmas[J]. Journal of Internation Affairs, 59(2): 1-22.

ALITT R, BLANKSBY J, DJORDJEVIĆ S, et al., 2009. Investigations into 1D-1D and 1D-2D urban flood modelling[C] //WaPUG Autumn Conference 2009. Hong Kong: [s. n].

AMAGUCHI H, KAWAMURA A, OLSSON J, et al., 2012. Development and testing of a distributed urban storm runoff event model with a vector-based catchment delineation[J]. Journal of Hydrology, 421(7): 205-15.

APIRUMANEKUL C, 2001. Modeling of urban flooding in Dhaka City[D]. Bangkok: Asian Institute of Technology.

ASAL F F, 2003. Airborne remote sensing for landscape modelling[D]. Nottingham: University of Nottingham.

BÄNNINGER D, 2006. Technical note: Water flow routing on irregular meshes[J]. Hydrology and Earth System Sciences Discussions, 24(3): 3675- 3689.

BATES P D, DE ROO A P J, 2000. A simple raster-based model for flood inundation simulation [J]. Journal of Hydrology, 236(2): 54-77.

BESIO M, RAMELLA A, BOBBE A, et al., 1998. Risk maps: theoretical concepts and techniques [J]. Journal of Hazardous Materials, 61(3): 299-304.

BOISSONNAT J-D, DEVILLERS O, Teillaud M, et al., 2000. Triangulations in CGAL [C] // Proceedings of the sixteenth annual symposium on computational geometry, ACM. Hong Kong: [s. n].

CARPENTER T M, GEORGAKAKOS K P, 2006. Discretization scale dependencies of the ensemble flow range versus catchment area relationship in distributed hydrologic modeling[J]. Journal of Hydrology(328): 242-257.

CARR R S, SMITH G P, 2006. Linking of 2D and pipe hydraulic models at fine spatial scales[C] //International Conference on Water Sensitive Urban Design (4th: Melbourne, Australia) Clayton: [s. n].

CHANG L C, SHEN H Y, WANG Y F, et al., 2010. Clustering-based hybrid inundation model for forecasting flood inundation depths[J]. Journal of Hydrology, 385(4): 257-268.

CHANGNON S J, 1979. Precipitation changes in summer caused by St. Louis[J]. Science, 205(9): 402-404.

CHEN A S, DJORDJEVIC S, LEANDRO J, et al., 2007. The urban inundation model with bidirectional flow interaction between 2D overland surface and 1D sewer networks [C] // Proceedings of the 6th NOVATECH International Conference, Workshop I. Lyon. [s. n].

CHEN A S,EVANS B,DJORDJEVIĆ S,et al.,2012. Multi-layered coarse grid modelling in 2D urban flood simulations[J]. Journal of Hydrology,70(4):1-11.

CHEN A,HSU M,CHEN T,et al.,2005. An integrated inundation model for highly developed urban areas[J]. Water Science and Technology,51(2):221-230.

CHEN J,HILL A A,URBANO L D,2009. A GIS-based model for urban flood inundation[J]. Journal of Hydrology,373(2):184-192.

CHEW L P,1989. Constrained delauney triangluations[J]. Algorithmica,36(4):97-108.

CHOU T Y,LIN W T,LIN C Y,et al.,2004. Application of the PROMETHEE technique to determine depression outlet location and flow direction in DEM[J]. Journal of Hydrology, 287(4):49-61.

COSTA-CABRAL M C, BURGES S J, 1994. Digital elevation model networks (DEMON): A model of flow over hillslopes for computation of contributing and dispersal areas[J]. Water Resources Research,30(6):1681-1692.

DANIEL R,2000. Suppression of rain and snow by urban and industries air pollution[J]. Science, 287(10):1793-1796.

DEVILLERS O,1999b. On deletion in Delaunay triangulations[C]//Proceedings of the Fifteenth Annual ACM Symposium on Computational Geometry. Hong Kong:[s. n].

DEY A K,KAMIOKA S,2007. An integrated modeling approach to predict flooding on urban basin[J]. Water Science and Technology,55(4):19-29.

DJOKIC D, MAIDMENT D R, 1991. Terrain analysis for urban stormwater modelling[J]. Hydrological Processes,5(1):115-124.

DJORDJEVIĆ S,PRODANOVIĆ D,MAKSIMOVIĆ Č,1999. An approach to simulation of dual drainage[J]. Water Science and Technology,39(9):95-103.

DJORDJEVIĆ S, PRODANOVIĆ D, MAKSIMOVIĆ C, et al., 2005. SIPSON-simulation of interaction between pipe flow and surface overland flow in networks[J]. Water Science and Technology,52(5):275-289.

DUTTA D,HERATH S,MUSIAKE K,2003. A mathematical model for flood loss estimation [J]. Journal of Hydrology,277(2):24-49.

DWYER R A, 1987. A faster divide-and-conquer algorithm for constructing Delaunay triangulations[J]. Algorithmica,2(2):137-151.

EL K ABDERREZZAK K,PAQUIER A,Mignot E,2009. Modelling flash flood propagation in urban areas using a two-dimensional numerical model[J]. Natural Hazards,50(3):433-460.

FAIRFIELD J, LEYMARIE P,1991. Drainage networks from grid elevation models[J]. Water Resources Research,27(5):709-711.

FEDESKI M,GWILLIAM J,2007. Urban sustainability in the presence of flood and geological hazards:The development of a GIS-based vulnerability and risk assessment methodology[J].

Landscape and Urban Planning,83(1):50-61.

FEWTRELL T J,DUNCAN A,SAMPSON C C,et al. ,2011. Benchmarking urban flood models of varying complexity and scale using high resolution terrestrial LiDAR data[J]. Physics and Chemistry of the Earth,Parts A/B/C,36(7):281-291.

FLORIANI L D,PUPPO E,1992. An on-line algorithm for constrained Delauney triangulation [J]. CAGIP:Graphical Models and Image Processing,54(3):290-300.

FRANK A U,PALMER B,ROBINSON V,1986. Formal methods for the accurate definition of some fundamental terms in physical geography[C] //Proceedings of the 2nd International Symposium on Spatial Data Handling.

FREEMAN T G,1991. Calculating catchment area with divergent flow based on a regular grid [J]. Computers & Geosciences,17(3):413-422.

GABRISCH G B,2011. Irregular tessellated surface model map algebras to define flow directions and delineate catchments using LiDAR bare earth sample points [D]. Washington: Western Washington University.

GABRISCH G,2010. An irregular tessellated surface model map algebra to define flow directions and delineate watershed boundaries using LiDAR bare earth sample points[D]. Bellingham: Western Washington University.

GHIMIRE B,CHEN A S,Djordjevic S,et al. ,2011. Application of cellular automata approach for fast flood simulation[J]. Urban Water Management-Challenges and Opportunities, 20(1): 265-270.

GROPPA F, WICKS J and HUGHES P, 2013. Innovative rapid flood inundation modelling: introduction to ISIS FAST[C] //8 th Victorian Flood Conference.

HORRITT M S,BATES P D,2001. Effects of spatial resolution on a raster based model of flood flow[J]. Journal of Hydrology,253(1):239-249.

HSU M H,CHEN S H,CHANG T J,2000. Inundation simulation for urban drainage basin with storm sewer system[J]. Journal of Hydrology,234(2):21-37.

IPCC,2012. Managing the risks of extreme events and disasters to advance climate change adaptation[R]//A Special Report of Working Groups Ⅰ and Ⅱ of the Intergovernmental Panel on Climate Change. New York:Cambridge University Press.

IPCC,2013. Summary for Policymakers[M] //Climate Change 2013:The Physical Science Basis Contribution of Working Group I to the Fifth Assessment Report of the Intergovernmental Panel on Climate Change. New York:Cambridge University Press.

IVANOV V Y, VIVONI E R, BRAS R L, et al. , 2004. Catchment hydrologic response with a fully distributed triangulated irregular network model[J]. Water Resources Research, 40 (11):W11102.

JONES N L,WRIGHT S G,MAIDMENT D R,1990. Watershed Delineation with Triangle-Based

Terrain Models[J]. Journal of Hydraulic Engineering,116(10):1232-1251.

KALYANAPU A J, SHANKAR S, PARDYJAK E R, et al., 2011. Assessment of GPU computational enhancement to a 2D flood model[J]. Environmental Modelling & Software, 26(8):1009-1016.

LARA J A, LIZCANO D, MARTÍNEZ M A, et al., 2014. A UML profile for the conceptual modelling of structurally complex data: Easing human effort in the KDD process [J]. Information and Software Technology,56(3):335-351.

LEA N,1992. An aspect driven kinematic routing algorithm overland flow[M] //Parsons A J, Abrahams A D(ed). Hydraulics and Erosion Mechanics. New York: Chapman & Hall, 150-162.

LEANDRO J,CHEN A,DJORDJEVIĆ S,et al.,2009. Comparison of 1D/1D and 1D/2D coupled (sewer/surface) hydraulic models for urban flood simulation [J]. Journal of Hydraulic Engineering,135(6):495-504.

LEE D T,LIN H K,1986. Genaeralized Delaunay triangulation for planar graphs[J]. Discrete Computational Geometry,15(1):201-217.

LEE D T,SCHACHTER B J,1980. Two algrithms for constructing a Delaunay triangulation[J]. International Journal of Computer and Information Science,9(3):219-242.

LEITÃO J P, Boonya-aroonnet S, Prodanović D, et al., 2008. The influence of digital elevation model resolution on overland flow networks for modelling urban pluvial flooding 60[J]. Water Science and Technology(60):3137-3149.

LI K,WU S,DAI E,et al.,2012. Flood loss analysis and quantitative risk assessment in China [J]. Natural Hazards,63(2):737-760.

LI Z F,WU L X,ZHANG Z X,2013. Triangular-prism-based urban flood inundation simulation algorithm employing dichotomy solving method[C]//IGRASS 2013. Melbourne:[s. n].

LI Z F,WU L X,ZHANG Z X,et al.,2014a. Basin division method for TIN-based DEM with face-node-edge flow mode[C]//IOP Conference Series: Earth and Environmental Science, 17(1):90-120.

LI Z F, WU L X, ZHU W, et al., 2014b. A new method for urban storm flood inundation simulation with fine CD-TIN surface[J]. Water(6):1151-1171

LIU X,ZHANG J,CAI W,et al.,2010. Information diffusion-based spatio-temporal risk analysis of grassland fire disaster in northern China[J]. Knowledge-Based Systems,23(1):53-60.

LIU Y,SNOEYINK J,2005. Flooding triangulated terrain[M] //Developments in Spatial Data Handling Berlin:Springer:137-148.

MAKSIMOVIĆ Č,PRODANOVIĆ D,BOONYA-AROONNET R S,et al.,2009. Overland flow and pathway analysis for modelling of urban pluvial flooding [J]. Journal of Hydraulic Research,47(4):512-523.

MARK O, WEESAKUL S, APIRUMANEKUL C, et al., 2004. Potential and limitations of 1D modelling of urban flooding[J]. Journal of Hydrology, 299(3): 284-299.

MARKS D, DOZIER J, FREW J, 1984. Automated basin delineation from digital elevation data [J]. Geo-Processing(2): 299-311.

MARTZ L W, GARBRECHT J, 1992. Numerical definition of drainage network and subcatchment areas from Digital Elevation Models[J]. Computers & Geosciences, 18(6): 747-761.

MASON D C, HORRITT M S, HUNTER N M, et al., 2007. Use of fused airborne scanning laser altimetry and digital map data for urban flood modelling[J]. Hydrological Processes, 21(11): 1436-1447.

MIGNOT E, PAQUIER A, HAIDER S, 2006. Modeling floods in a dense urban area using 2D shallow water equations[J]. Journal of Hydrology, 327(2): 186-199.

NEAL J, FEWTRELL T, TRIGG M, 2009. Parallelisation of storage cell flood models using OpenMP[J]. Environmental Modelling & Software, 24(7): 872-877.

NÉELZ S, PENDER G, 2010. Benchmarking of 2D hydraulic modeling packages, environment agency[C] //RH, Waterside Drive, Aztec West, Almondsbury, Bristol, BS32 4UD.

NIELSEN N H, JENSEN L N, LINDE J J, et al., 2008. Urban flood assessment[C] //11th International Conference on Urban Drainage, Edinburgh: [s. n].

O'CALLAGHAN J F, MARK D M, 1984. The extraction of drainage networks from digital elevation data[J]. Computer Vision, Graphics, and Image Processing, 28(3): 323-344.

PALACIOS-VÉLEZ O L, CUEVAS-RENAUD B, 1986. Automated river-course, ridge and basin delineation from digital elevation data[J]. Journal of Hydrology, 86(3): 299-314.

PEUQUET D J, DUAN N, 1995. An event-based spatiotemporal data model(ESTDM) for temporal analysis of geographical data[J]. International Journal of Geographical Information Systems, 9(1): 7-24.

PIEGL L A, RICHARD A M, 1993. Algorithm and data structure for triangulation multiply connected polygonal domains[J]. Computer and Graphics, 17(5): 563-574.

PILESJO P, ZHOU Q, HARRIE L, 1998. Estimating flow distribution over digital elevation models using a form-based algorithm[J]. Geographical Information Science, 4(2): 44-51.

PRICE R K, VOJINOVIC Z, 2008. Urban flood disaster management[J]. Urban Water Journal, 5(3): 259-276.

QUINN P F, BEVEN K, CHEVALLIER P, et al., 1991. The prediction of hillslope flow paths for distributed hydrological modeling using digitial terrain models[J]. Hydrological Processes, 5(1): 59-79.

RAAFAT H, YANG Z, GAUTHLER D, 1994. Relational spatial topologies for historical geographical information[J]. International Journal of Geographical Information Science, 8(2):

163-173.

SAMPSON C C, FEWTRELL T J, DUNCAN A, et al., 2012. Use of terrestrial laser scanning data to drive decimetric resolution urban inundation models[J]. Advances in Water Resources, 41(2):1-17.

SANGATI M, BORGA M, 2009. Influence of rainfall spatial distribution on flash flood modelling [J]. Natural Hazards and Earth System Sciences(9):575-584.

SCHMITT T G, THOMAS M, ETTRICH N, 2004. Analysis and modeling of flooding in urban drainage systems[J]. Journal of Hydrology, 299(4):300-311.

SCHUMANN G J P, NEAL J C, MASON D C, et al., 2011. The accuracy of sequential aerial photography and SAR data for observing urban flood dynamics, a case study of the UK summer 2007 floods[J]. Remote Sensing of Environment, 115(10):2536-2546.

SEYOUM S, VOJINOVIC Z, PRICE R, et al., 2012. Coupled 1D and noninertia 2D flood inundation model for simulation of urban flooding [J]. Journal of Hydraulic Engineering, 138(1):23-34.

SHEWCHUK J R, 2002. Delaunay refinement algorithms for triangular mesh generation[J]. Computational geometry, 22(1):21-74.

SHI P, GE Y, YUAN Y, et al., 2005. Integrated risk management of flood disasters in metropolitan areas of China[J]. Int J Water Resour, 21(4):613-627.

SMITH M B, 2006. Comment on "Analysis and modeling of flooding in urban drainage systems" [J]. Journal of Hydrology, 317(4):355-363.

SMITH M J, EDWARDS E P, PRIESTNALL G, et al., 2006. Exploitation of new data types to create digital surface models for flood inundation modelling[R/OL]. Flood Risk Management Research Consortium(FRMRC) research report UR3. http://www. floodrisk. org. uk.

SU M, KANG J L, CHANG L F, et al., 2005. A grid-based GIS approach to regional flood damage assessment[J]. Journal of Marine Science and Technology, 13(3):184-192.

TACHIKAWA Y, SHIIBA M, TAKASAO T, 1994. Development of a basin geomorphic information system using a TIN-DEM data structure[J]. JAWRA Journal of the American Water Resources Association, 30(1):9-17.

TACHIKAWA Y, TAKASAO T, 1996. TIN-based topographic modelling and runoff prediction using a basin geomorphic information system[J]. IAHS Publication(235):225-232.

TARBOTON D G, 1997. A new method for the determination of flow directions and upslope areas in grid digital elevation models[J]. Water Resources Research, 33(2):309-319.

TAUBENBÖCK H, WURM M, NETZBAND M, et al., 2011. Flood risks in urbanized areas-multi-sensoral approaches using remotely sensed data for risk assessment[J]. Natural Hazards and Earth System Sciences(NHESS), 11:431-444.

THEOBALD D M, GOODCHILD M F, 1990. Artifacts of TIN-based surface flow modeling

[C]//Proceedings of GIS/LIS 1990. Bethesda: ASPRS/ACSM: 955-967.

TUCKER G E, LANCASTER S T, GASPARINI N M, et al., 2001. An object-oriented framework for distributed hydrologic and geomorphic modeling using triangulated irregular networks[J]. Computers & Geosciences, 27(8): 959-973.

TURNER A B, COLBY J D, CSONTOS R M, et al., 2013. Flood modeling using a synthesis of multi-platform LiDAR data[J]. Water(5): 1533-1560.

VIVONI E R, IVANOV V Y, BRAS R L, et al., 2005. On the effects of triangulated terrain resolution on distributed hydrologic model response[J]. Hydrological Processes, 19(11): 2101-2122.

VOGT J V, COLOMBO R, BERTOLO F, 2003. Deriving drainage networks and catchment boundaries: A new methodology combining digital elevation data and environmental characteristics[J]. Geomorphology, 53(4): 281-298.

VOJINOVIC Z, TUTULIC D, 2009. On the use of 1D-2D modelling approaches for assessment of flood damage in urban areas[J]. Urban Water Journal(6): 183-199.

WERNER M G F, 2001. Impact of grid size in GIS based flood extent mapping using a 1D flow model[J]. Physics and Chemistry of the Earth, Part B: Hydrology, Oceans and Atmosphere, 26(8): 517-522.

WU L X, WANG Y B, 2007. Updating algrithms for constraint Delaunay TIN[C]//ISPRS Workshop on Updating Geo-spatial Databases with Imagery & The 5th ISPRS Workshop on DMGISs. Fronce: [s. n].

WU L, WANG Y, SHI W, 2008. Integral ear elimination and virtual point-based updating algorithms for constrained Delaunay TIN[J]. Science in China Series E: Technological Sciences, 51(1): 135-144.

YING-PO L, SHIU-SHIN L, HUNG-SUNG C, 2012. Integration of urban runoff and storm sewer models using the OpenMI framework[J]. Journal of Hydroinformatics, 14(4): 884-901.

ZERGER A, 2002. Examining GIS decision utility for natural hazard risk modelling[J]. Environmental Modelling & Software, 17(3): 287-294.

ZERGER A, SMITH D I, HUNTER G J, et al., 2002. Riding the storm: a comparison of uncertainty modelling techniques for storm surge risk management[J]. Applied Geography, 22(3): 307-330.

ZERGER A, WEALANDS S, 2004. Beyond modelling: linking models with GIS for flood risk management[J]. Natural Hazards, 33(2): 191-208.

ZEVENBERGEN C, VEERBEEK W, GERSONIUS B, et al., 2008. Challenges in urban flood management: travelling across spatial and temporal scales[J]. Journal of Flood Risk Management, 1(2): 81-88.

ZHAO D, CHEN J, WANG H, et al., 2009. GIS-based urban rainfall-runoff modeling using an automatic catchment-discretization approach:a case study in Macau[J]. Environmental Earth Sciences,59(2):465-472.

ZHOU Q, LIU X, 2002. Error assessment of grid-based flow routing algorithms used in hydrological models[J]. International Journal of Geographical Information Science, 16(8): 819-842.

ZOPPOU C, 2001. Review of urban storm water models[J]. Environmental Modelling and Software,16(3):195-231.

附录:符号表

符号	含　义
C	约束特征集
P	约束点特征子集
L	约束线特征子集
F	约束面特征子集
$\vec{S}$	面一边模式下的水流方向
m	三角形判别式
m_{L}	汇流边的左三角形判别式
m_{R}	汇流边的右三角形判别式
R_e	分水边集
C_e	汇水边集
F_e	过水边集
δ	汇流路径的相似系数
F_{g}	ArcHydro 提取的汇流路径
F_{c}	面边模式提取的汇流路径
I	淹没场景集
$h(t,s)$	区域 s 处至 t 时刻的积水深度
$f(t,s)$	区域 s 处至 t 时刻的降水强度
$d(t,s)$	地表 s 处至 t 时刻的排水率
$S(t,s)$	地表 s 处至 t 时刻的下渗率
$i(t,s)$	地表 s 处至 t 时刻的邻域汇水单元的流入速率
$o(t,s)$	地表 s 处至 t 时刻的邻域汇水单元的流出速率
Q_{a}	累积净积水量
Q_{p}	累积产流量
Q_{c}	累积汇流量
Q_{f}	持续降水量
Q_{s}	累积地表下渗量
Q_{d}	雨水箅的累积排水量
Q_{i}	邻域汇水单元流入的累积水量

续表

符号	含　义
Q_o	流出到邻域汇水单元的累积水量
q	平均降雨强度
T_E	暴雨重现期
A	设计降雨重现期为一年的雨力
c	为雨力变动参数,即不同降雨重现期不同历时下的强度变化参数
T	为降雨历时
b, n	降雨强度在同一重现期下随暴雨历时延长强度递减变化情况参数
r	雨峰系数 r
t_a	降雨过程的峰前降水过程
t_b	峰后降水过程
S_p	汇水单元的水平投影面积
φ	地表下垫面的径流系数
Q_{dj}	第 j 个排水管的排水能力
μ	曼宁粗糙系数
ω	过水断面面积
R	水力半径,即 ω 与湿周的比
S_p	水力坡降,即排水管的起点与终点的高差与长度的比值
d	排水管径直径
p	汇水单元内排水管个数
Q_v	坡面流入口处的水流量
A_s	为出水口积水横断面的面积
S	坡面流平均坡度
k	为坡面流速度常数
A	某场景下淹没的面积
ds	积分划分的基本单元区域
H_w	某场景的淹没水位
H_g	地表高程
$f(h)$	区域内的自然灾害致灾因子强度
$f(v)$	承载体的脆弱性,即不同致灾强度下各承载体损失程度
$f(e)$	在风险中暴露的各孕灾环境要素

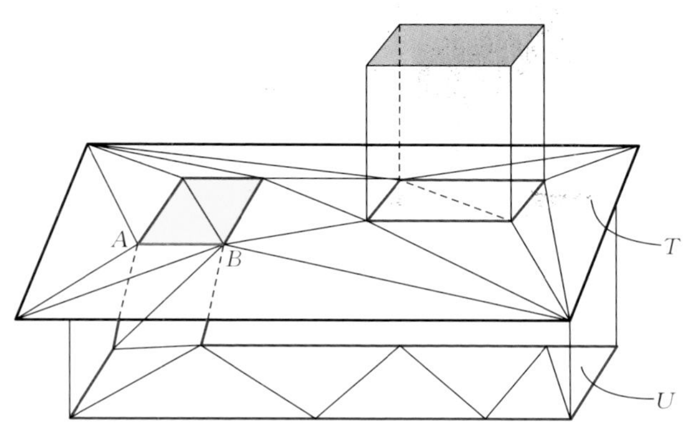

图 2.17　地下空间的双层 CD-TIN 结构示意

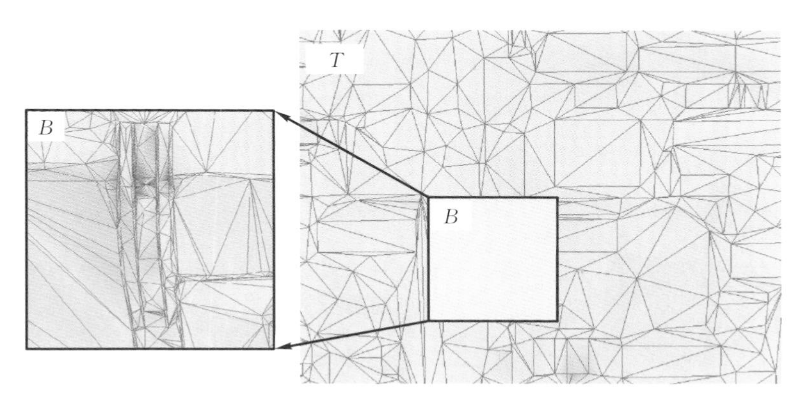

图 2.18　地表立交桥区双 CD-TIN 无缝集成建模示例

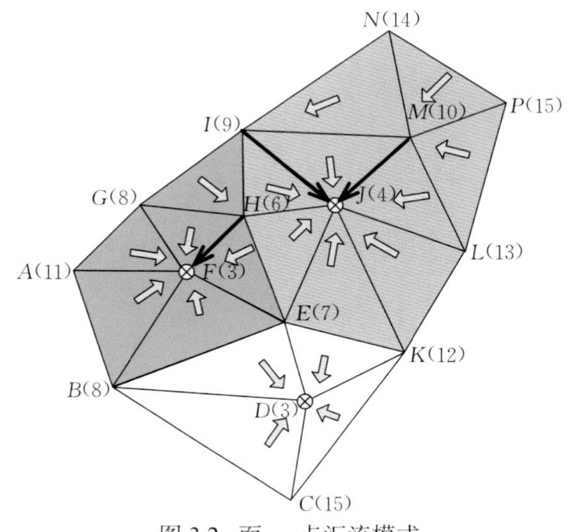

图 3.2　面—点汇流模式

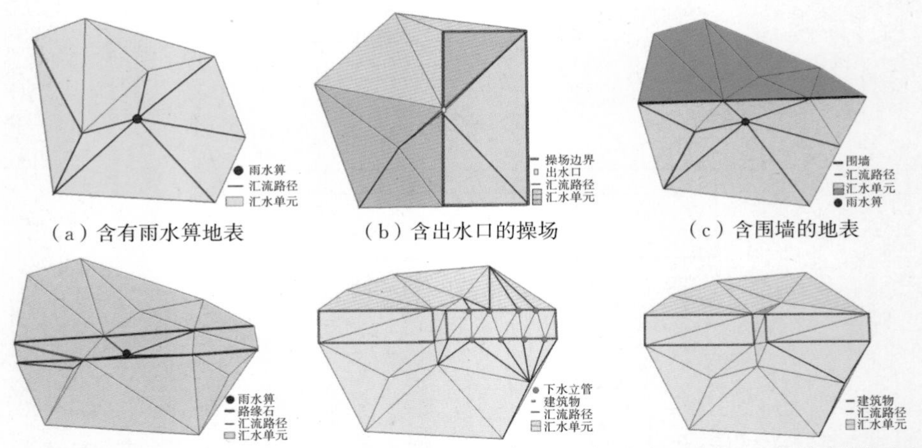

（a）含有雨水箅地表　（b）含出水口的操场　（c）含围墙的地表

（d）含有路缘石和雨水箅地表　（e）含有下水立管的建筑物地表　（f）不含下水立管的建筑物地表

图 3.19　顾及典型约束特征的城区汇水单元划分结果

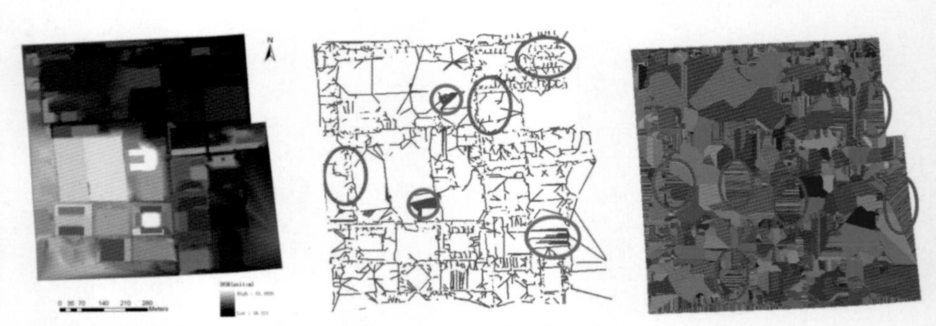

（a）基于栅格的北京师范大学地表　（b）采用ArcHydro提取汇流路径　（c）汇水单元

图 3.23　基于栅格地表的北京师范大学校汇流路径和汇水单元